景观

Landscape Sketch Course

手绘课堂

徐卓恒 夏克梁｜著

LANDSCAPE
SKETCH
COURSE

东南大学出版社
SOUTHEAST UNIVERSITY PRESS
·南京·

图书在版编目（CIP）数据

景观手绘课堂 / 徐卓恒，夏克梁著. —南京：东南大学出版社，2016.4（2022.8重印）

ISBN 978-7-5641-6427-0

Ⅰ. ①景… Ⅱ. ①徐… ②夏… Ⅲ. ①景观设计－绘画技法 Ⅳ. ①TU986.2

中国版本图书馆CIP数据核字（2016）第053223号

景观手绘课堂

著　　　者	徐卓恒　夏克梁	
出版发行	东南大学出版社	
地　　　址	南京市四牌楼2号（邮编：210096）	
出 版 人	江建中	
网　　　址	http://www.seupress.com	
电子邮件	caoshengmei@163.com	
经　　　销	全国各地新华书店	
印　　　刷	南京新世纪联盟印务有限公司	
开　　　本	889 mm × 1194 mm　1/16	
印　　　张	9	
字　　　数	230千	
版　　　次	2016年4月第1版	
印　　　次	2022年8月第5次印刷	
书　　　号	ISBN 978-7-5641-6427-0	
印　　　数	8501-10000册	
定　　　价	55.00元	

本社图书若有印装质量问题，请直接与营销部联系，电话：025-83791830

前　言
PREFACE

　　本书记录的是中国美术学院艺术设计职业技术学院景观设计专业二年级的《景观手绘表现》课程的完整过程，其中包含了各个单元的教学目的、课程内容、重点难点、课时安排、作业数量及要求、成果评价等内容。它是真实课堂教学的一次纸面化再现，也是编者在景观手绘表现教学领域多年实践积累的一次阶段性总结。

　　针对以往手绘表现教学与设计岗位实际运用之间脱节这一主要问题，编者调整了以技法表现训练为主的教学思路，加强了对技法应用能力的培养与实践，将表现方法结合设计实践要求进行教授，以起到即学即用的效果。在教学单元的设计上，编者从景观专业的角度出发，选择应用性最广的造景元素作为练习对象，强化教学的实用性与实践的易用性。

　　书中选用的学生作品以近几年编者的课堂教学成果为主。这些表现图尽管在技法上不是非常成熟、到位，但大多是学生结合设计专业课程中自己的设计方案所做的表现图，从中也可以看到合理、有效的技法运用对设计思想的传达、设计效果的表现与设计品质的呈现起到的积极影响，也使手绘能真正起到为设计实践服务的作用。希望通过本书的课程叙述与案例展示，大家能够从中得到启发，也希望通过本书的出版让景观设计等专业的同学更能够重视手绘，让手绘回归其本初，成为最实用、灵活、有效的设计辅助手段。

　　在此感谢在手绘表现领域辛勤耕耘的各位朋友贡献的优秀示范案例，也要感谢中国美术学院艺术设计职业技术学院景观设计专业在校与毕业的各届同学为本书编纂提供的优秀课堂作业。

徐卓恒　夏克梁

2016 年 4 月

目 录
CONTENTS

一、课程概述

1. 课程性质与目标

《景观手绘表现》课程是景观设计专业的核心课程。手绘是表现景观设计意图与成果的一种便捷方式，是景观设计师所必备的基本功与艺术修养。作为表达和叙述设计意图的方式，无论在设计初始的构思阶段，还是中途的调整深入阶段，或者是最终方案结果的表述阶段，它始终发挥着重要作用，并成为设计过程中必不可缺的、有机的组成部分。

通过该课程的学习，首先让学生了解手绘表现图作为设计的表现语言在后续专业课程中的作用和意义，以及手绘技能在就业（可作为敲门砖）、考研（快题表现）、工作（设计构思、推敲和表现）中的重要性，引起学生对课程学习足够的重视和兴趣；其次让学生学会以马克笔为主要工具的绘画表现技巧、画面艺术处理手法、平立面图表达方法和规范，以及能够客观而艺术地表现景观设计作品，并达到学以致用的目的；再者，通过课程的学习，使学生提高艺术修养、鉴赏能力、空间想象力及综合素质，为设计意识的提高起到推动作用。

2. 学习流程

景观表现图的学习是一个由浅入深、由简单到复杂的递进过程。练习时应循序渐进，以植物表现为主线，串联各课程单元。技法学习从植物单体着手开始练习，继而发展到植物的组合、景观小品的表现、空间的遐想组合直至设计的表达应用。画面的表现除要遵循客观规律外，还要掌握艺术的处理手法，这样才能够在实践运用的过程中客观而艺术地表现景观设计作品。

3. 工具

在绘制景观表现图的过程中，绘图工具的选择极为重要。本课程教学以当前使用最为广泛的马克笔为主要工具，围绕马克笔的特点开展相关的训练。课程中主要讲解马克笔的性能特点和使用技巧，同时介绍其他辅助工具。要求学生充分了解马克笔的笔触特征、色彩叠加混合后所产生的效果及其最基本的使用方法等。

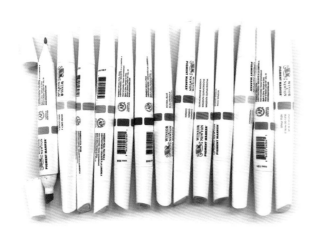

温莎牛顿色素马克笔

温莎牛顿、水彩马克、温莎牛顿软头马克笔、丽唯特专业绘图马克笔

二、课程的组织与安排

1. 课时分配与比例表

课程阶段名称	基本内容	单元学时	单元学时分配数		课时比例
			讲授	实践	
1. 单体植物钢笔表现及单色马克笔表现	本阶段主要练习用钢笔表现单体植物和用马克笔单色表现植物	18	4	14	12.5%
2. 单体植物马克笔表现及植物组合表现	本阶段主要是单体植物马克笔表现练习和植物的组合练习	18	4	14	12.5%
3. 景观小品练习	本阶段主要是绿化组团及小品的搭配组合练习	18	4	14	12.5%
4. 手绘的表达运用练习	本阶段协同《小庭院设计》专业课，需要根据学生自己的设计方案，选择合适点，表达景观小场景	18	4	14	12.5%
5. 景观构筑物与绿化等元素相组合的场景表现	本阶段以某一景观构筑物为固定的主体对象（母体），通过遐想，搭配绿化等元素，使之成为多个不同景观场景的练习	36	8	28	25%
6. 平、剖立面图的绘制	本阶段协同《城市小广场设计》专业课，根据学生自己的设计方案，绘制出彩色平面图和剖立面图	18	4	14	12.5%
7. 手绘表达的实践与运用	本阶段协同《城市小广场设计》专业课，根据学生自己的设计方案，选择合适点，表达景观设计的实践运用	18	4	14	12.5%
合计		144	32	112	100%

2. 理论与实践构成比例

本课程共 8 周，合计 144 课时，其中理论讲授为 32 课时，占总课时的 22%；实践操作为 112 课时，占总课时的 78%。

三、课堂教学

单元一：基础训练及实践练习

本单元包含四个阶段：单体植物钢笔表现及单色马克笔表现、单体植物马克笔表现及植物组合表现、景观小品练习、手绘的表达运用练习。训练的内容围绕植物展开，练习手法以参照照片进行写实性的表现为主。本单元所要表现的场景多为小空间，因此更为侧重景物形态关系与细节层次的塑造。该单元要求学生通过各阶段的练习，能够扎实地塑造各类植物，合理地刻画以植物为主的组团式景观。

1. 第一阶段：单体植物钢笔表现及单色马克笔表现

单体植物表现练习是植物表现的基础，也是学习景观表现的起点。相比植物组合，它的数量单一、形态相对简单，对学生而言也较易入手。在表现时应仔细观察每一类植物的生长细节，研究体貌特征，在描摹与再现对象的过程中达到认识的全面提升与表现技法的熟练掌握及合理运用。

植物的绘制也应遵循着绘画的基本原理及画面处理的普遍规律，植物单体与整个画面相比，虽显简单，但不同类别的植物生长规律、造型特点均不相同，加之其枝叶繁多，树冠密集度较高，即使看着熟悉，想完美地表现它的形态特点及各组团的相互关系也并非易事。要表现出不同类别的植物的形态特征，必须通过长期的观察和写生以获取基本的感性认识。

景观手绘表现图以表述为主要目的，一般运用相对写实的表现手法，强调形似胜于神似，多体现出共性特征，具有较强的规律性。因此，若要表现好单体植物，掌握基本的表现规律和塑造方法是必不可少的。只有通过研究与分析其形体结构及生成方式，学会特征的塑造和体感的处理方法，才能更好地发挥植物在景观手绘表现图中的主导作用，并使表现的画面更具有真实性和视觉感染力。

用钢笔表现植物是学习景观手绘表现图的第一步，钢笔能够清晰地表达出植物的形状和特点，同时培养初学者对植物的结构、生长规律、形态特征予以重点关注的意识。明暗画法（或称单色画法）作为塑造物体形体的一种有效方法，遵循植物在光照下呈现不同明暗层次的客观规律，在钢笔线稿基础上除去了繁复的色彩，采用同一色系（常选用灰色）不同明度的色阶变化来塑造刻画，通过单色来表现植物的体量感和空间感，训练作者对植物的塑造能力。因此，单色植物练习也被看做最基础的上色练习。

钢笔植物示范 1：用钢笔线条强调植物的形态特征（夏克梁）

钢笔植物示范 2：用简洁概括的手法表现植物（夏克梁）

①排线要化

②叶排线统一

③乱线排阴影

景观手绘课堂

钢笔植物示范3：用概括手法表现植物（张毅）

钢笔植物示范4：常见树木的画法（张毅）

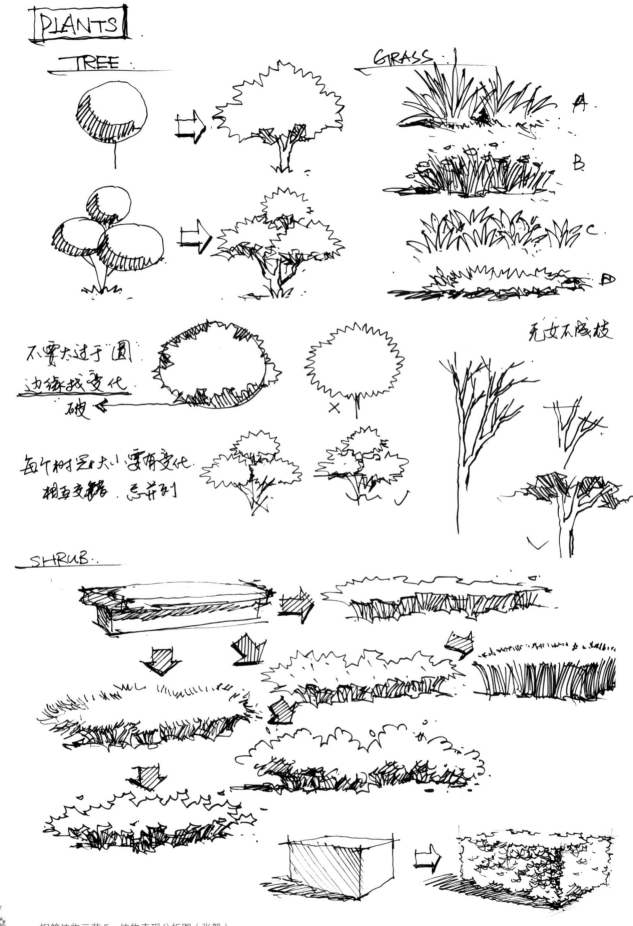

PLANTS

TREE

GRASS

A.
B.
C.
D.

不要太过于圆
边缘我变化
破 ✗

每个树冠大小要有变化
相互交替 忌并列

无女不隐枝

SHRUB.

景观手绘课堂

钢笔植物示范 5：植物表现分析图（张毅）

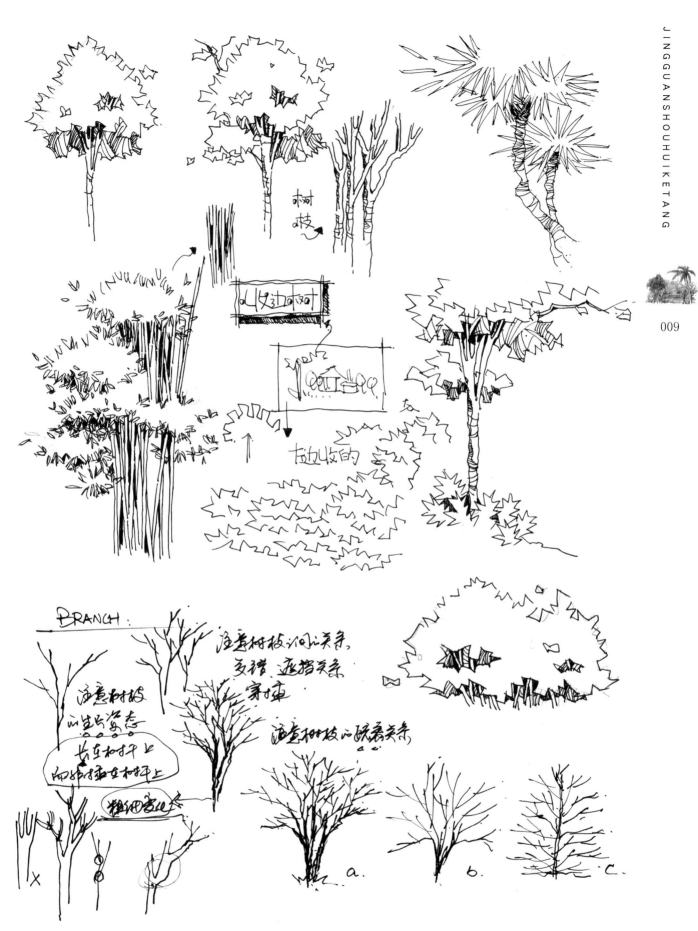

钢笔植物示范 6：概括地表现植物结构（张毅）

单色植物示范 1：单色表现植物的三大步骤（夏克梁）

景观手绘课堂

单色植物示范 2：以明暗表现植物的形态、体块与层次（夏克梁）

单色植物示范 3：植物特征的刻画（夏克梁）

单色植物示范 4：植物体量感的表现（夏克梁）

教学目的：

一是让学生了解手绘快速表现在设计课程中的作用和意义；二是学会用钢笔作为工具来表现单体植物；三是学会用马克笔单色来塑造单体植物（或其他）的方法及其原理。

教学活动：

（1）介绍课程类型、课程的教学目的以及本阶段的教学相关内容；

（2）学生课堂实践；

（3）本阶段相关优秀示范作品赏析；

（4）教师现场示范。

教学重点：

（1）教会学生正确的学习方法，包括明确目标、学习心态、观察方法等；

（2）分析植物的生长规律及形态特点；

（3）讲解用钢笔工具以概括的手法表现植物；

（4）讲解如何使用单色马克笔来塑造植物。

教学难点：

（1）学生普遍对植物了解得较少，对不同植物各自形态特点的把握存在一定难度；

（2）对植物的几种表现方法的熟练掌握与灵活运用存在难度。

训练步骤：

（1）钢笔表现

在绘制单体植物的过程中，首先要对植物的生长方式和形态特征进行细致的分析，然后再根据植物的体态构成特点运用相应的手法进行勾画和塑造。树冠为球形的乔木，在处理好整体组团关系的基础上应兼顾内部各个分组团的形体表现，使之从整体到局部都呈现出正确的形体关系；体积感较弱、体态较为松散的植物，则可以线条强调其叶片的形体特征和前后空间关系，使之符合植物的生长特点，达到客观表现的要求。该阶段练习应尽可能对植物特征做到准确描绘，刻画时抓准明暗交界线，钢笔线条追随形体的起伏转折而产生疏密变化，可多使用连贯线表现结构的严实感和整体性，并体现正确的空间关系。笔触应做到肯定、明确，每一笔应尽量到位。线条也可适当进行排列与交织，以便更好

地烘托出物体的空间、结构关系。

除以严谨写实的画法表现单体植物以外，学生在此阶段也需学会以较为概括的手法快速表现植物的技能。这种手法不追求细节上的相似，在形体特征、空间结构上能达到相仿即可。以该手法塑造植物时，无需在细部层次上做过多的描绘，要大胆舍弃层层的线条叠加，抓准明暗交界线的位置，对转折面做适度的刻画即可，线条应保持轻松流畅，量少而精，视觉效果应简洁明了，让观者只关注到整体而忽略细小的变化。

（2）单色表现

单色练习以线稿为底，塑造可分三步骤：首先是建立明暗关系，对主要的结构转折面进行区分，构建明确、粗略的形体关系；其次是加强明暗层次的区分，在之前的基础上适当对层次加以细化，融入更为丰富细腻的过渡，使之更接近于实际；最后是细节的深入刻画和画面的整体调整，进而达到视觉关系的协调和单体形象的完整展现。在练习中，既可以使用不同明度的马克笔分别表现明暗关系，也可以通过单支笔的笔触叠加达到深浅的自然变化。用笔时严格遵循形体结构关系，随着面的起伏、转折逐步调整用笔的长短与方向，形成一定的规律。在此基础上适当加入活跃的小笔触增加画面的灵动感。练习的过程中始终应注意把握正确的明暗关系，树立整体意识，防止局部深入过度而造成画面关系的失衡。

课时分配：

本阶段总共 18 课时，占课时总长的 12.5%。其中理论讲授为 4 课时，实践练习为 14 课时。

作业数量与要求：

本阶段需要完成钢笔植物单体 6 个、马克笔单色植物单体 6 个。作业要求用签字笔（或钢笔）、马克笔（单色即同一色系）表现，可以照片为依据或现场写生。钢笔植物要求结构严谨、层次清晰，符合生长规律的特点；马克笔（单色）植物要求明暗关系合理、体积感较强。除此之外，所表现的植物品种多样，统一画在 A3 的速写本上，每页两棵，安排得当，画面整洁，表现方法可以多样，但必须画得深入。

教学成果展示

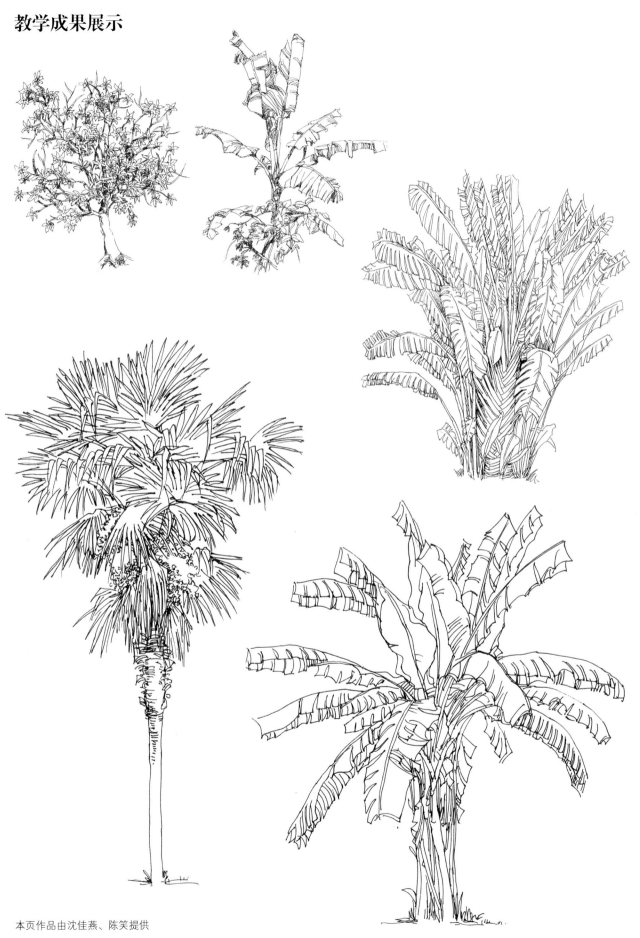

本页作品由沈佳燕、陈笑提供

景观手绘课堂

本页作品由郑洁提供

本页作品由池晓媚、沈佳燕、郑洁提供

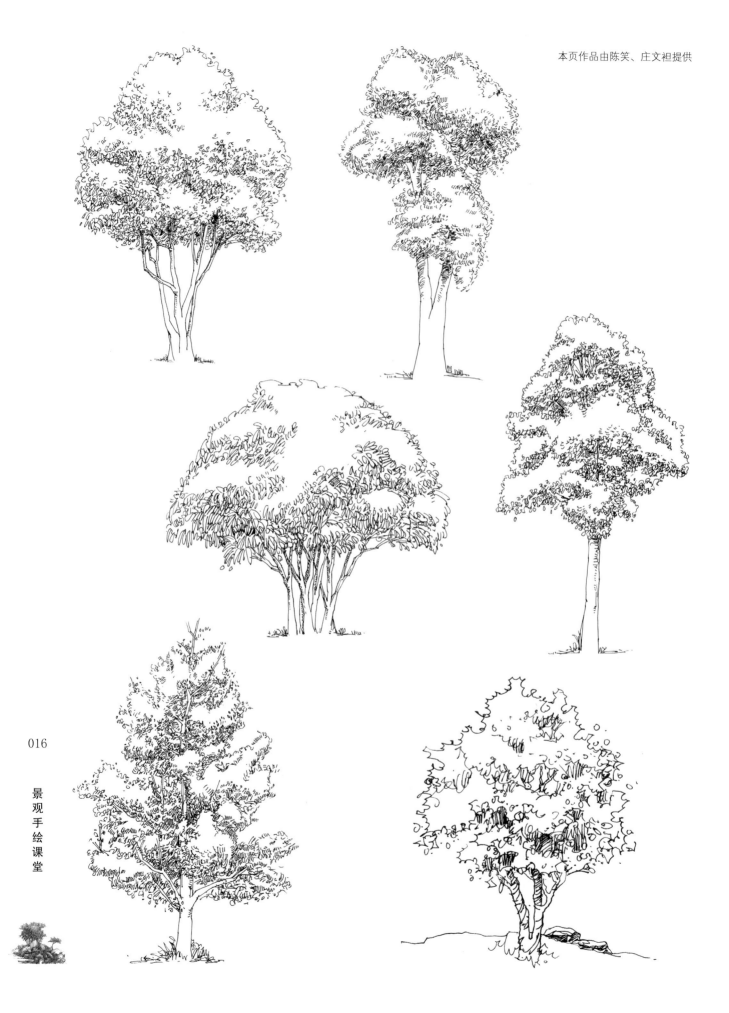

景观手绘课堂

017

本页作品由池晓媚、陈笑提供

本页作品由刘欣如、吴桐、唐亚辉提供

景观手绘课堂

课外作业内容及要求：

本阶段需要完成钢笔画人物、交通工具和其他相关元素等共20组，要求用签字笔（或钢笔）表现，可以照片为依据或现场写生。人物的表现要求结构准确、比例协调、造型生动、组合多样，交通工具等则应做到比例严谨、透视准确。作业统一画在A3的速写本上，位置安排得当，数量适中，画面整洁。

课外作业示范作品

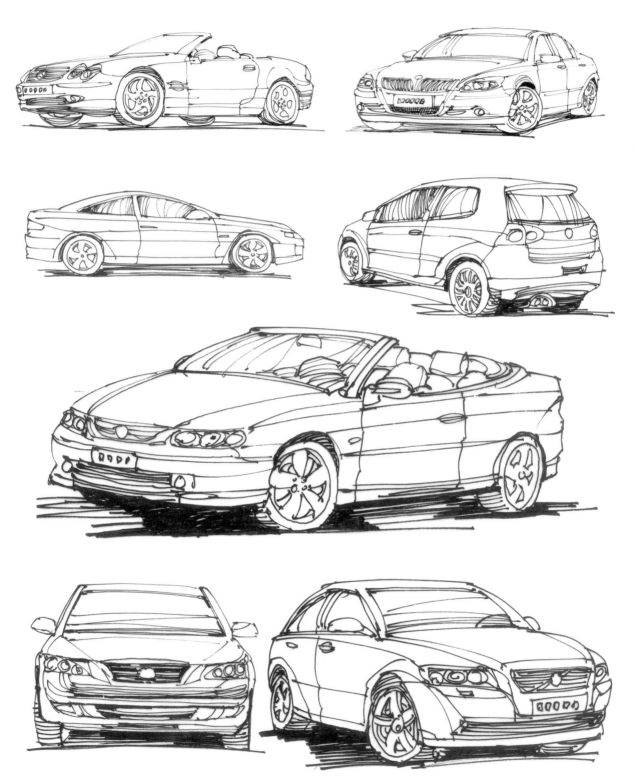

钢笔车辆示范：形体、结构与比例关系的准确刻画（李明同）

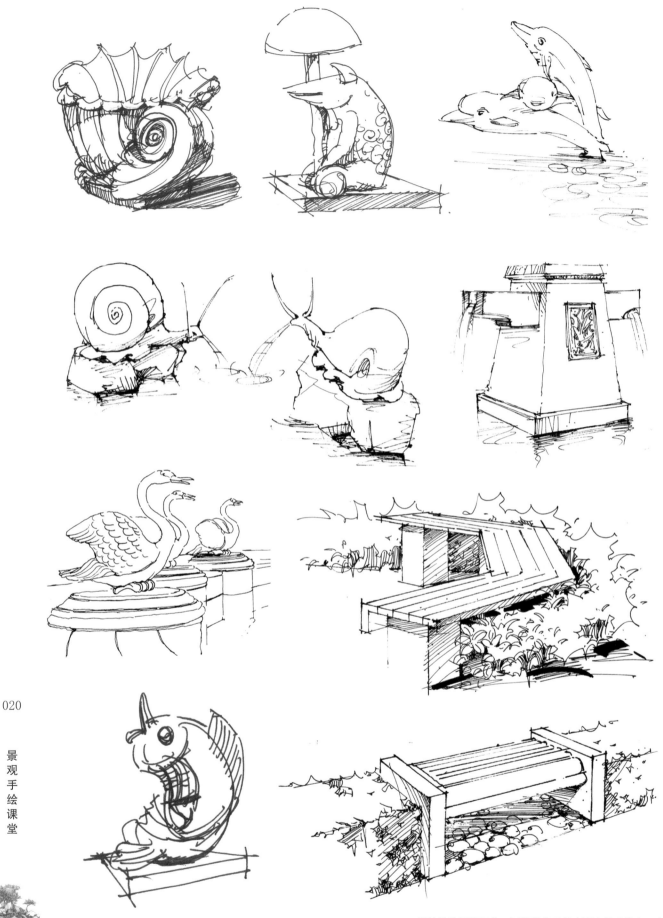

景观手绘课堂

钢笔人物示范：形体与组合关系的表达（李明同）

静水

动水

水面网线：

滞急　缓慢

涌泉

流水变化

ELEVATION.

水体 WATER FEATURE.

景观要素　植物　石头　水体

钢笔水体示范：不同形态的水体特点表现（张毅）

阶段小结与点评：

在本学习阶段，学生通过分析植物单体的形态特征，运用适合的技法，大多能将形体关系表达清楚。由于许多同学以前没有接触过马克笔这一工具，在刚开始的学习过程中，往往存在急功近利的心态，看到老师或优秀的作品就急于模仿，想通过有限的课堂时间迅速将表现技巧提升到某一高度。这种想法违背了学习的客观规律。课堂教学仅仅是传授一种正确的学习方法、一些绘图的技巧和画面处理的规律等。每位同学还必须利用大量的课余时间坚持训练，才可能练就熟练的绘图技巧和把握画面的能力，才能在面对任何表现题材时都做到得心应手。只要有耐心、潜心研究、不断总结，就会探索出适合自己的表现手法，逐步到达自己心中的高点。

2. 第二阶段：单体植物马克笔表现及植物组合表现

植物多色（或称色彩）练习，是借助于各种颜色的搭配、组合，运用娴熟的表现技法来塑造植物的形体及空间，以达到画面色彩的丰富多变和色调的和谐统一，给人以视觉美感。多色练习也是植物表现训练的主要方法，除了要懂得明暗变化的规律、掌握物体塑造的方法、熟知工具性能的特点之外，还要具备色彩搭配的基本知识，包括色彩生成的规律、色调营造的方法等。

植物组合练习是单体练习的进阶。相较于单体塑造，两件物体的小型组合更讲究搭配后的整体效果。在搭配两件单体的过程中，形态、前后、高低等关系都需认真考虑，精心设计，合理地配置单体的组合方式。在塑造画面时，既对每件单体有较为严谨的刻画，能关注到各自的形态、色彩和明暗效果，也要做到对空间的区分，使物体前后、主次有别，展现一定的层次感，逐步形成控制整体效果的意识，建立和谐的组合关系。

教学目的：

一是让学生了解马克笔工具的主要特性和基本表现语言，以及用马克笔来表现植物（物体）的基本方法和用色规律；

二是通过两个以上单体的相互组合（植物与植物、植物与景石、植物与城市家具等）训练，

了解并掌握构图的基本原理和物体之间的空间处理手法。

教学活动：

（1）点评前一阶段的作业；

（2）讲解本阶段的教学内容；

（3）本阶段优秀示范作品赏析；

（4）学生课堂实践；

（5）教师现场示范。

重点：

（1）分析并总结上阶段作业中所出现的共性问题，讲述解决方法；

（2）介绍马克笔的性能、优缺点与用笔、用色的基本方法、规律等；

（3）讲解植物的色彩搭配方法以及植物与植物间空间关系的表达方法等。

难点：

（1）学生对马克笔特性的认识与了解；

（2）学生能掌握工具的用法并在短时间内熟悉、运用；

（3）学生对绘画原理的认识和理解，及在实践中的灵活运用。

训练步骤：

（1）彩色植物表现

自然界植物的色彩普遍是在固有色、环境色、光源色三者的共同作用下产生的。尽管它们自身固有的颜色比较单一，但通过光源色和环境色的影响，色彩的丰富性大大增加。所以在绘制的过程中，应充分考虑这一因素的作用，既要根据明暗关系合理控制色彩的深浅变化，又要反映出特定光照条件下冷暖变化的客观性，使表现的植物既能做到色彩关系协调、色调统一，又能具备丰富而写实的变化，使之在画面中变得真实可感。在表现时，可从固有色入手，对光源的色彩倾向进行设定，一般以偏冷色倾向的色系表现自然光照下的受光面，以偏暖色倾向的色系表现烈日照射下的受光面。而在背光面常使用互补色作为调和色，加入部分环境色的影响，形成较为协调的关系。亮、暗之间的过渡区域是色彩最为丰富的，可使用小笔触结合微妙的色彩倾向变化使其自然饱满。

教师示范作品

024

景观手绘课堂

单体植物示范1：研究植物生长规律（夏克梁）

单体植物示范 2：表现植物均采用较为写实的表现手法（夏克梁）

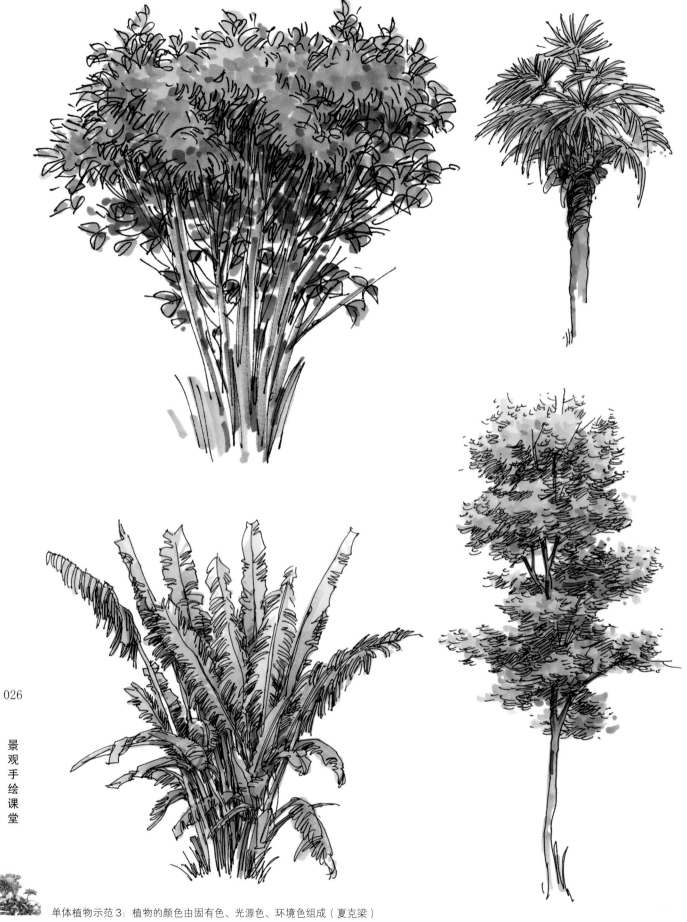

景观手绘课堂

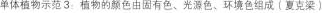

单体植物示范 3：植物的颜色由固有色、光源色、环境色组成（夏克梁）

单体植物示范 4：表现植物要研究植物的体貌特征（夏克梁）

景观手绘课堂

单体植物示范 5：植物受光面和背光面的色彩应有所区别（夏克梁）

植物组合示范 1：植物的作画步骤及组团效果（夏克梁）

景观手绘课堂

植物组合示范 2：同一种类植物的组合练习，通过明暗对比来拉开前后的空间关系（上图）（夏克梁）
　　　　　　　同一种类植物的组合练习，通过色彩对比来拉开前后的空间关系（下图）（夏克梁）

植物组合示范 3：通过明暗对比展现空间层次（上图）（夏克梁）
通过高低错落和"胖瘦"变化来丰富构图（下图）（夏克梁）

景观手绘课堂

植物与石头组合示范 1：以植物与石头的灵活穿插达到软、硬体量均衡的效果（夏克梁）

植物与石头组合示范 2：以石头为主、植物为辅的组合，突出石头之间关系的处理（夏克梁）

（2）植物组合

练习中常用的组合主要包括植物和植物的组合、植物和景石的组合、植物和城市家具的组合等。植物的组合首要面对的问题就是画面的构图安排。在合理组织各植物关系的前提下，重点表现植物间的空间关系，再对植物的外部特征、整体关系和局部关系进行层层深入的塑造。刻画过程中始终应注意保持植物间合理的明暗关系以及分明的空间层次。

a. 同一植物的组合

在相同类别的植物组合练习中，由于植物品种的单一而使得各单体的形态、色彩相近，基本特征也较为相似。因此，这种练习应将重点放在空间关系的处理上，主要抓住植物的重叠界面，依靠明暗的相互衬托将植物的前后位置交代清楚。与此同时，每棵树的塑造不应采用单一的手法做平均化处理，应根据主次关系的不同有所区别，在繁简、疏密、冷暖等方面做到合理组织，有序搭配，以保证画面节奏感和空间层次感的呈现。

b. 两种植物（物体）的组合

在这种植物组合的练习中，每种植物都具有不同的外形特征。首先应根据各自的特点对它们进行合理搭配，取得协调而有变化的构图关系，然后从空间关系入手，依靠明暗衬托、形态对比和冷暖反差等手法对各种植物的体态特征给予表达，强调形体的差异性。在树立每种单体的个性时也需兼顾整体性，使画面自始至终保持较好的协调感。

c. 植物与石头等其他景观元素的组合

表现这一类别的内容，首先必须对植物的种类进行合理的筛选，尽量选择与石头或其他类别小品（城市家具等）体量相近的植物作为主要元素。其次要安排好景石类小品等与植物的组合关系，多采用硬质、软质元素相互穿插的组织方法构成疏密有序、高低错落、主次分明的组团关系。再者需注意各物体及相互关系的刻画，在用笔上采用不同的笔触，结合物体的结构转折变化，强化各物体自身的质地特征。最后还须注意各元素间关系的协调，控制好光影、色彩、空间层次，对画面的强弱对比加以合理化表达。

课时分配：

本阶段总共 18 课时，占课时总长的 12.5%。其中理论讲授为 4 课时，实践练习为 14 课时。

作业数量与要求：

本阶段需要完成植物单体 6 个、组合 8 组（其中包括 4 组植物与植物的组合，4 组植物与石头等物体的组合）。要求单体植物要用马克笔上色，上色时除固有色之外，要注意光源色和环境色的运用，同时还要注意嫩叶和枯叶之间的色彩区别。植物间的组合要表现出前后空间关系（空间关系可通过植物间的明暗对比、纯度对比、色相对比来获得）；植物与石头等物体的组合要求构图合理，主次分明，表现严谨、扎实、深入。

教学成果展示

本页作品由刘欣如提供

景观手绘课堂

本页作品由刘欣如、池晓媚、唐亚辉提供

本页作品由陈笑、唐亚辉、汤素素提供

景观手绘课堂

本页作品由陈笑、池晓媚、陈瑞艳、吴桐提供

039

本页作品由沈佳燕、吴桐、陈金威、郑洁提供

景观手绘课堂

本页作品由唐亚辉、刘欣如、陈笑、徐锴、池晓媚提供

本页作品由陈笑、田晨姿、刘欣如、徐娇提供

景观手绘课堂

本页作品由樊佳怡、刘欣如、陈瑞艳、田苗、唐亚辉提供

本页作品由吴桐、陈笑、江美昕、唐亚辉提供

景
观
手
绘
课
堂

本页作品由陈笑、朱晓慧、徐娇提供

本页作品由李新、陈笑、刘欣如提供

景观手绘课堂

本页作品由唐亚辉、池晓媚提供

课外作业内容及要求：

　　本阶段需要完成石头、人物、交通工具及其他元素共 15 组。要求用签字笔（或钢笔）、马克笔进行表现，可以照片为依据或现场写生。石头的形态美观、组合关系协调；人物的表现要求结构准确、比例协调、造型生动、组合多样；交通工具则应做到比例严谨、透视准确。作业统一画在 A3 的速写本上，位置安排得当，数量适中，画面整洁。

课外作业示范作品

车辆示范：笔触、色彩的使用适应车辆的形态变化 [陈立飞（上图）、夏克梁（中下图）]

048

景观手绘课堂

石头示范：笔触、色彩的使用适应石头的形态变化，强调各自的特征（夏克梁）

阶段小结与点评：

临绘照片是本阶段学习中不可缺少的环节，且占有较大的比例。在此过程中，许多同学较易受到对象的主导，一味简单地再现图中的景物而使得画面平淡并缺少层次。导致该问题产生的主要原因是把临绘等同于简单的复制，对画面缺乏主动的思考，没有树立主观处理画面的意识，缺少主观概括、取舍、添加等应变能力。每位同学可以从课余大量的写生练习中锻炼概括取舍和空间表达的能力，从中获取合理处理画面的经验，并参照优秀的表现图，树立优化画面效果的能动意识，从而能够使景观场景表现符合自己的主观意图，也使画面更具艺术性。

色彩能使人产生联想，使人的情绪产生兴奋、激动、低落等反应。在这一阶段的训练中，学生因缺少绘图经验和日常生活体验，所绘制的颜色往往出现概念化倾向，误以为色彩丰富就是让鲜艳的色彩到处出现，这样便造成画面颜色孤立，缺少联系，并导致色调不统一。色彩绘制的另一个常见问题就是，画面的素描关系和色彩关系没有形成很好的统一，彼此孤立地存在。有的学生只注意画面的素描关系，而忽略了画面的色彩变化，将色彩画成"有色的素描"，画面显得单调、平板。有的学生只注重画面的色彩变化，而忽略了明暗关系，画面缺少进深感和空间感。绘图中忽视其中任何一种关系的塑造，场景都会显得不够真实，有违于人们的日常认知。

解决该问题，需要加强对色彩的认识，对色彩关系的组织做一定的研究，明确色彩变化产生的普遍原因和一般规律，尽可能在铺设大色块时控制好色调，在此基础上根据光源色、环境色和固有色增加色彩的种类，逐步丰富色彩层次，刻画出细腻的色彩变化。在此过程中特别要注意色彩的对比，包括明暗、冷暖，以色彩的特性塑造画面关系。

3. 第三阶段：景观小品练习

景观设计中除了一些主要的景点之外，不同形态的植物、植物和石头等组成的小品也十分常见。本阶段的练习以类型复杂、数量较多的植物和石头等物体的组合为主。这些元素形态、材质各异，通过多样化的配置方法形成各种不同的关系。如何将它们有序地组合起来，在构图和空间关系上建立适当的秩序，达到丰富而舒适的视觉效果，是景观小品表现中面对的首要问题。

除形态的变化外，色彩的塑造和空间的表达也是景观小品中较难处理的内容。色彩的设计既要考虑物体本身的颜色特点，做到多色的合理搭配，又要考虑画面的调性要求，对色彩的倾向适当做出主观的调整，让不同颜色的物体在统一的调性中呈现各自的特点，既使之符合客观规律，具有可实施性和真实感，也使画面变得华丽美观，明快雅致。

教师示范作品

小品练习示范 1：植物与栅栏组成的小品（夏克梁）

小品练习示范2：由植物和石头组成的景观小品（夏克梁）

小品练习示范3：由不同形态的植物组成的景观小品（夏克梁）

小品练习示范 4：色彩和谐、空间层次分明的植物组团小品（夏克梁）

景
观
手
绘
课
堂

小品练习示范 5：前低后高等方法在组合中的运用（夏克梁）

小品练习示范6：景观小品应注意"小、微"型空间关系的表达和色彩层次的组织（夏克梁）

小品练习示范7：景观小品的画面色彩应注意大关系的把握和小细节的变化（夏克梁）

小品练习示范 8：绿化层次的有序组织（夏克梁）

景观手绘课堂

小品练习示范 9：画面的概括处理以突出视觉主体（夏克梁）

教学目的：

一是让学生学会景观小品的搭配组合方法，培养学生的画面组织能力。

二是让学生了解光影是决定空间感强弱的重要因素，以及锻炼学生的空间表达能力。

三是锻炼学生刻画物体细节、掌握画面艺术处理的多种方法以及培养学生的画面整体意识感。

教学活动：

（1）点评前一阶段的作业；

（2）讲解本单元的教学内容；

（3）本阶段优秀作品赏析；

（4）学生课堂实践；

（5）教师现场示范。

重点：

（1）分析并总结上阶段作业所出现的共性问题，讲述解决方法；

（2）讲解景观小品的组合要点和注意事项；

（3）讲解空间表达和画面处理的主要手法。

难点：

（1）植物和其他物体之间空间与明暗关系的表达与处理；

（2）学生对画面处理的主观意识的养成。

训练步骤：

在构图上，如果完全是植物的组团小品，根据各种植物的外形特征进行组合，形态相似的类别可集中放置，其间适当穿插形态有一定反差的植物，形成整体统一、局部对比的大体格局。除形态的合理组织外，在高低的组合上应注意适度安排，形成"密"与"透"的变化关系，达到饱满而不沉闷、空透而不单薄的基本要求。再者，应注意空间关系的合理安排以形成鲜明的空间色彩与视觉纵深感：色彩效果突出、季相特征明显的植物置于组团的前面，常绿的树木置于后方；低矮的植物置于前面，

高大的置于后方；造型感突出的置于前面，形态普通的置于后方。通过对各种不同类型植物的组合方式进行精心的设计，在空间关系上建立适当的秩序，做到"多而不杂，繁而不乱"，确保组合后整体形态的均衡与美观。除完全以植物组成的小品外，常见的小品中还有植物与石头等其他物体组成的小品，在构图的设计上要视具体的内容来决定画面的主次关系，表达与处理则根据构图来决定。

在色彩与空间感的表现上，应注意物体群间"小"、"微"型空间关系的表达和色彩层次的组织。在景观小品的空间形式上建立清晰的前后关系，从透视变化、形体对比等方面入手对其加以强化，在服务大色调的基础上，合理运用同类色和对比色，形成协调且不失对比的变化，让不同颜色的物体在统一的调性中呈现各自的特点。色彩应尽可能展现成片的变化关系，以形成较强的画面冲击力。着色时不应破坏物体原有的形态结构，形体关系、层次都需清晰明确，尤其应注意物体间边缘关系的刻画，使画面达到物多而有序的效果。尽管需要处理的画面关系繁多，但刻画中仍应严格按照物体的形体结构、植物的生长规律等用笔，确保塑造的严谨性。

课时分配：

本阶段总共 18 课时，占课时总长的 12.5%。其中理论讲授为 4 课时，实践练习为 14 课时。

作业数量与要求：

本阶段需要完成景观小品共 8 组（其中 4 组小品完全由各种植物组成，另外 4 组由植物和石头等物体组成）。完全由植物组成的小品要求植物品种多样、高低错落有致，植物与石头等物体组合的小品，要求画面内容相对丰富，构图安排合理。同时，要求所有的小品均有一定的场景感、空间层次分明、色彩统一和谐，画面处理具有一定的艺术性。

教学成果展示

以石头为主的景观小品

景
观
手
绘
课
堂

本页作品由唐亚辉、陈笑提供

小场景

本页作品由梅辉辉、汤素素、陈瑞艳、徐娇提供

景
观
手
绘
课
堂

本页作品由李小琴、庄文袒、白苗苗、刘欣如提供

有水体的景观小品

本页作品由刘欣如、徐娇提供

景观手绘课堂

本页作品由庄文袒、田苗、吴桐、陈笑、李小琴、姜安提供

061

本页作品由唐亚辉、汤素素、吴佳丽提供

景观手绘课堂

本页作品由陈笑、汤素素提供

以植物为主的景观小品

本页作品由梅辉辉、莫剑尧、刘欣如、吴桐提供

景观手绘课堂

本页作品由刘欣如、白苗苗、陈笑、唐亚辉提供

课外作业示范作品

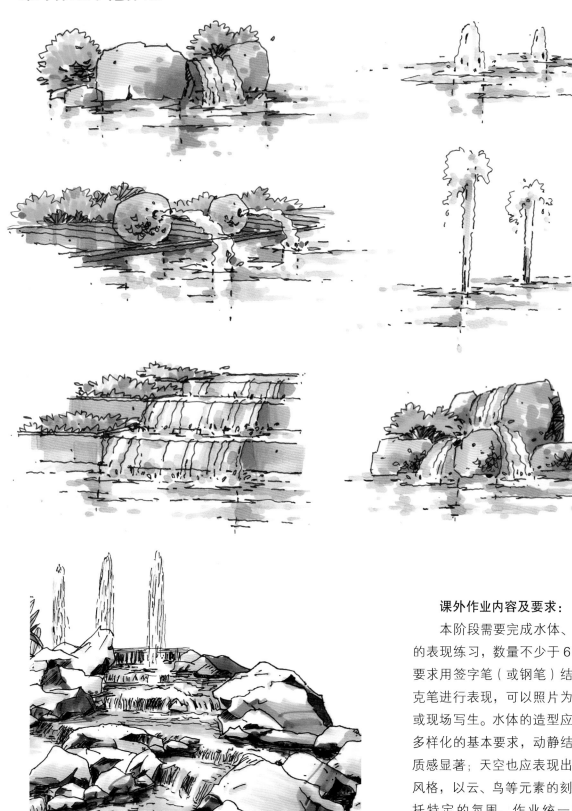

课外作业内容及要求:

本阶段需要完成水体、天空的表现练习,数量不少于6组。要求用签字笔(或钢笔)结合马克笔进行表现,可以照片为依据或现场写生。水体的造型应满足多样化的基本要求,动静结合,质感显著;天空也应表现出多种风格,以云、鸟等元素的刻画衬托特定的氛围。作业统一画在A3的速写本上,位置安排得当,数量适中,画面整洁。

水体示范1:不同类型水体的表现手法 [张毅(上六图)、陈立飞(下图)]

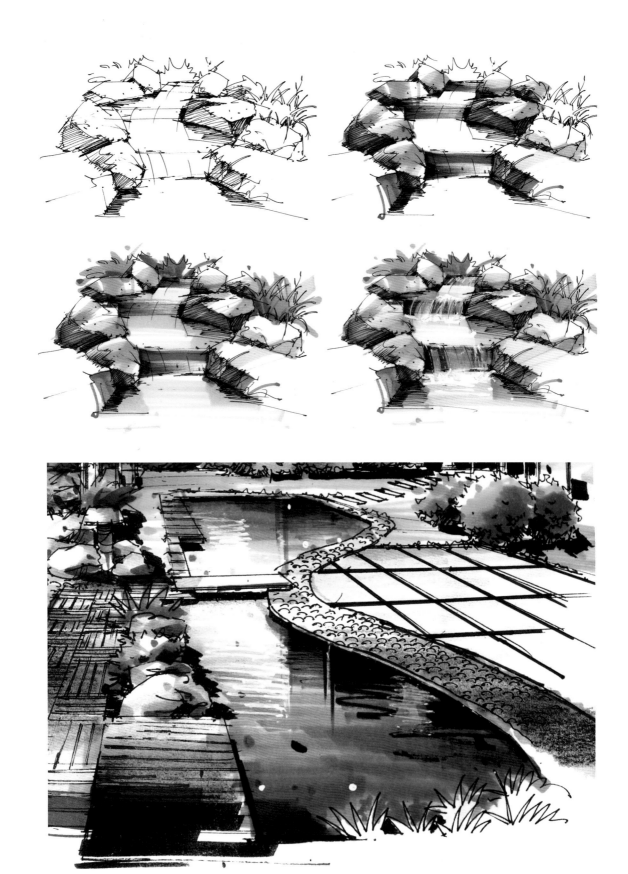

景观手绘课堂

水体示范 2：水体与驳岸关系的概括化表现（陈立飞）

水体示范 3：动态水景的场景化应用（陈立飞）

景观手绘课堂

水体示范 4：形态丰富的驳岸与水体的结合（陈立飞）

水体示范 5：水体与驳岸关系的细致化塑造（夏克梁）

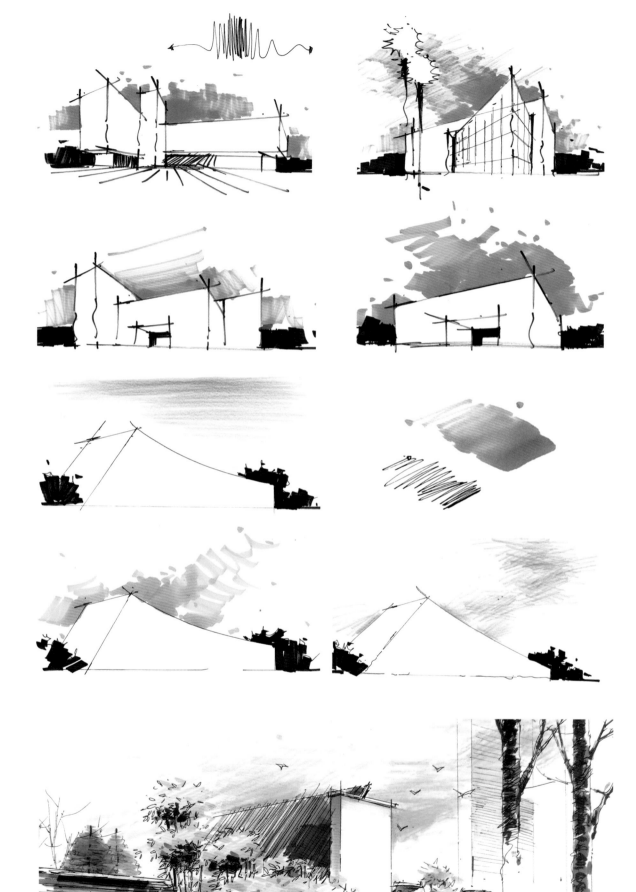

景观手绘课堂

天空示范 1：天空与前景物关系的概括表现（陈立飞）

天空示范 2：天空层次变化的细致塑造（陈立飞）

阶段小结与点评：

从植物组合到小品，无论从内容和表现上都提出了更高的要求。画面中众多元素如何统一是同学们在本单元中遇到的较大问题，在绘制过程中，需要大家以整体的眼光分析和看待物体，即把每一个要表现的物体放入画面整体关系表现的要求中去考虑，以保证画面效果的完整性、合理性与协调性。许多同学在学习中缺少联系性的作画意识，往往只看树木而忽视森林，将每一棵植物都看作一个独立的元素进行刻画，孤立地处理各物体间的关系。其造成的结果是每棵植物的塑造都很完整，但组合在一起却缺少相互的联系，如缺少环境色的影响、形体间的明暗衬托、对比强弱的变化等而使画面变得简单化、平面化，整体关系因缺失自然感和关联性而显得生硬。

因此，每位同学都要培养起以全面的眼光控制画面的意识和习惯，在完成单体塑造的同时兼顾物体间关系的处理，从全局的角度对明暗、色彩关系进行组织，使场景中各元素凝聚成一个整体，形成较高的视觉协调性。

在这一阶段的练习中，光影问题也是一个较明显的共性问题。光影能使物体产生立体感，使色彩变得丰富。画面中缺少了光影，容易导致画面平面化，缺少空间层次感和物体的体量感。根据光影透视原理，投影浓淡及投射方向的正确表达，能够表明光源的强弱和方向。而光影的强调与否，决定着纵深感的强弱变化，也影响着画面视觉中心的位置。光影对比越强，物体越突出，越吸引人的视线。平时缺少观察的学生，往往会忽略对光影的正确描绘，或将投影朝向画得不一致，或干脆不画投影，呈现一些不符实际的光影效果。

因此，在表现画面时，需要同学们重视光影表达的作用，尤其对画面主体构筑物，必须根据光线的实际效果对光影的方向、形态、强弱变化等进行描绘，强调光影的客观性和丰富性，有效利用其强化空间关系，突出视觉中心，使画面更富冲击力。

4. 第四阶段：手绘的表达运用练习（结合《小庭院设计》课程）

该阶段要求学生运用前三个阶段所学到的表现技能，尝试去表现小场景的设计效果。其中，除需解决植物群组的表现问题之外，如何根据场地空间特征与方案设计意图选择合适的表现视角、设计构图、组织各类植物的配置关系并将它们以适合的手法表达清楚，达到美观的效果，将是本阶段的重点任务。

作为实践运用的训练，学生务必学会从设计师的立场出发考虑表现的问题，理解设计意图，进而选择最佳的表现方式来呈现效果。这应该成为学习中首要思考的问题，否则，效果再好都不是设计师渴望展现的，实践运用的目的就难以达到。

小空间场景示范 1：构筑物与绿化关系的合理组织（张毅）

小空间场景示范 2：以构筑物为视觉引导的场景组织（张毅）

小空间场景示范3：以小品、构筑物为视觉中心，结合水景、绿化的场景组织（张毅）

景
观
手
绘
课
堂

小空间场景示范4：以构筑物引导场景的视觉延伸（陈立飞）

小空间场景示范 5：特定光影关系下、以水体为主的场景表现（陈立飞）

小空间场景示范6：以石质驳岸的丰富形态构成视觉焦点，绿化点缀搭配（陈立飞）

小空间场景示范7：突显景石、水体的构图（陈立飞）

小空间场景示范 8：由水体构成的空间场景（耿庆雷）

小空间场景示范 9：以丰富的植物修饰驳岸线，构成饱满的视觉效果（耿庆雷）

小空间场景示范 10：以绿化为主画面的视觉中心营造（夏克梁）

景观手绘课堂

小空间场景示范 11：以绿化为主画面的视觉中心与空间纵深营造（夏克梁）

小空间场景示范 12：综合性的场景组织与层次表现（徐志伟）

小空间场景示范 13：以绿化为主的空间层次组织（徐志伟）

教学目的：

结合《小庭院设计》专业设计课，让学生掌握表达景观小空间的绘制方法和要点，锻炼设计表达的运用能力，培养学生设计表达的综合应用。

教学活动：

（1）点评前阶段的作业；

（2）讲解本单元的教学内容；

（3）欣赏本阶段优秀的示范作品；

（4）学生课堂实践、课堂命题考试；

（5）教师现场示范、课程小结。

重点：

（1）分析并总结上一阶段作业所出现的共性问题，讲述解决方法；

（2）结合设计方案讲解手绘在实践表现中的绘制方法及注意事项。

难点：

（1）从练习到实践运用的转变；

（2）学生对场景透视的准确把握；

（3）对画面中各元素的组织和处理；

（4）所学技法在设计方案表现中的合理应用。

训练步骤：

该阶段的训练从平面图入手，首先选择出最能表达设计师意图的视角，勾勒出大致的草图小稿，然后根据设想的画面表现效果，结合画面的表现要求，对视角、画面构图、主次景等关系作出进一步的调整优化，使之在纸面上呈现较为理想的效果。在确定画面基本关系的前提下，再根据透视关系、植物群组表现的基本原则、规律，按照准确的尺度关系有序地经营好各元素的空间位置，清晰地描绘出相互间的前后、高低及形态关系，并按照前一阶段的表现技法给画面着色，使画面真实美观。

在塑造画面空间时，应注意表现小空间的层次关系。即便空间尺度不大，仍应确保画面形成清晰的近景、中景与远景三层关系，以传达空间氛围。在画面的处理中，需要有意识地对各景物进行繁简、轻重等对比式处理，无需面面俱到，可根据画面效果进行大胆的舍弃，使重点突出、画面整体、层次清晰。

（1）以植物为主构成的空间场景

在小庭院的设计中，植物是不可缺少的重要元素，植物可组成完美的空间场景。这类场景的表达与植物群组的练习要点大致相仿，对主体部分的绿

化小品应重点刻画，在视觉分量上着力塑造，形成明确的视觉焦点；配景部分则根据画面需要分出前后层次，主景附近的部分也应适当加以塑造，远景的部分可简要概括地带过，中间的衔接部分应区分出多个层级，为画面建立细腻的空间层次。

（2）以置石、水景构成的空间场景

这一类小空间的表现，重点在于景石的造型、水体的动静态处理及其与绿化间关系的建立。景观置石、水体的选择应遵从于构图，或可根据景石造型、水的流动之势选择可以突显此主体的构图形式。在画面构图基本确立的情况下，石头本身形姿、水体动势的刻画及石、树间映衬关系的经营便是练习的重点所在。就石而言，除了对体积、空间做到客观的表现之外，对石头气质特征的把握也能使画面变得生动可感，灵活而有生气。在石与植物、植物与水、水与石的搭配关系上，则应注意"刚""柔""动""静"之间的合理转化。当石头数量较多、面积和密度较大时，应适当点缀花草组团，软化过于坚硬的画面，使之富有弹性。而动态的水体在画面中所占的面积不宜过大，以免导致所表现的作品显得单薄和空洞，往往需要一定数量的石头和植物来搭配。无论以石头还是以水体为主的画面，植物都应有助于画面节奏的加强，在搭配中形成有益的补充与良性的过渡。

（3）以构筑物及其他物体构成的空间场景

这一类场景的表现以较为简单的构筑物（如遮阳伞、景墙等）作为画面的组成部分，和绿化、铺装及其他景观细部元素共同形成小型空间组团。构筑物既可作为主景，也可作为配景。作主景时需考虑绿化与其他内容的衬托，作配景时则需合理安排位置与形态关系，以丰富场景层次。由于这类构筑物本身较为简单，因此刻画时无需过于细致、用力，最主要的是要保持画面整体的协调，在此基础上追求生动、有趣。

课时分配：

本阶段总共 18 课时，占课时总长的 12.5%。其中理论讲授为 4 课时，实践练习为 14 课时。

作业数量与要求：

本阶段需要完成空间小场景的表现图 5 张，其中一张为课堂现场命题考试作业。平时的实践练习要求结合《小庭院设计》课程，根据自身设计的小

景观手绘课堂

庭院，选择合适角度，用所学的方法表现空间，要求画面整洁、构图完整、色彩和谐、表达清晰、处理到位，并将所表达的平面图附在左、右上角或背面，同时标出视角的位置。

教学成果展示

本页作品由陈笑、李碧蓉、王宁丽、朱继龙、李翔翔提供

景观手绘课堂

本页作品由吴桐、孙湘艺、刘欣如、汤素素、徐锴提供

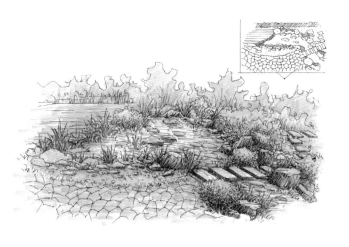

本页作品由陈小茜、刘欣如、田晨姿、唐亚辉、汤素素提供

景观手绘课堂

本页作品由高明飞、
孙湘艺、刘思华提供

本页作品由项微娜、
陈笑、白苗苗提供

课外作业内容及要求：

　　本阶段需要完成构筑物、雕塑类元素、景墙等设施的表现练习，数量不少于5幅。要求用签字笔（或钢笔）结合马克笔进行表现，可以照片为依据或现场写生。构筑物以生活中常见的类别为主，侧重于结构的合理、正确的表达。景墙的形式可大胆创造，强调装饰感与时尚性。作业统一画在A3的速写本上，位置安排得当，数量适中，画面整洁。

课外作业示范作品

景观手绘课堂

雕塑表现示范：强调形体结构关系的清晰梳理 [常德元（上左）、韦民（上右）、张权（下）]

构筑物表现示范：强调形体结构关系的清晰表达 [常德元（上）、张权（下）]

景观手绘课堂

小品类组团表现示范：以构筑物、水景为主的小型空间层次组织（徐志伟）

单元课程小结:

本单元分四个阶段,前面三个阶段主要是做一些基础的训练,第四阶段则以实践训练为目的。

一张具有感染力的景观手绘表现图,是建立在扎实的塑造能力、严谨的空间结构、合理的构图安排、得当的画面处理基础之上。所以在第一、第二阶段,着重训练学生的塑造能力和结构的严谨意识,第三阶段着重训练构图、画面的艺术处理及应变等能力。到第四阶段的应用训练中,面对表现图的画面,同学们首先要有合理的构图安排,以确保画面的美观性、设计意图表达的准确性和清晰性;其次要有强烈的明暗对比,以确保画面空间关系的合理性;再者画面必须要有明确的趣味中心,以形成视觉焦点,从而体现画面的主题,吸引观者的视线,传递作者的思想。在这一阶段的训练中,多数同学在绘制手绘图时,往往将画面中的物体安排得零乱或平淡,导致画面中心、主体不突出,或是画面的重心设置不稳。不考虑画面的节奏、韵律等变化,就容易使画面不是显得呆板就是失去均衡感。

解决该问题,需要在落笔前明确设计表现的目的,即要将设计的哪一部分展示给观者,是空间关系、节点形态、环境氛围还是整体面貌。有了清晰的定位后,再以此为核心,依据构图的美观性原则选取适合的角度并组织画面,形成中心突出、意图鲜明、场景完整、协调美观的场景,从而引导后续表现的顺利开展。

单元二:空间遐想及实践运用

本单元包含三个阶段:景观构筑物与绿化等元素相组合的场景表现;平、剖立面图的绘制;手绘表达的实践与应用。训练的内容由第一单元的植物转向空间场景的营造。练习的手法以围绕设计主题进行空间的意象性表达为主,侧重于对空间整体关系的设计。本单元所面对的场景空间普遍较大,对画面的合理组织就变得尤为重要。学生通过各阶段的练习学会对画面的主观控制,围绕设计中心构建合理、美观的视觉层次与空间氛围,达到为设计服务的最终目标。

5. 第五阶段:景观构筑物与绿化等元素相组合的场景表现

本阶段的练习不是在原有绿化组合的基础上简单地加入构筑物,而是围绕某一预先选定的构筑物来设计绿化空间场景。这就意味着该构筑物在绿化的搭配上存在许多的可能性。而这些可能性正是需要学生通过对空间的认识、对场景氛围的拓展联想、对设计风格整体性的把握和对画面关系的恰当处理来实现。不同的环境决定了绿化搭配采用的方式方法,也使得画面效果各不相同。无论将构筑物置于何种环境内,主体突出、层次分明、构图美观、氛围融洽都应该是练习中应遵循的始终不变的原则。这种带有空间场景设计理念的训练方式带给每位学生的不只是对画面处理技法的掌握,更包含了主观创造特定空间环境的能动意识的培养。从一张表现图开始营造一片风景。

教师示范作品

场景组合示范1（母体）

场景组合示范1：突出空间围合感的场景组合（夏克梁）

景
观
手
绘
课
堂

教学目的：

一是让学生学会以某一景观构筑物为固定的主体对象（母体），通过搭配绿化等元素，更改其所在的环境，使之成为多个不同的景观场景，培养学生的想象力、创造力以及驾驭画面的能力。

二是为学生从技法练习到实践运用的过渡奠定基础。

教学活动：

（1）回顾上一单元的学习情况，介绍本单元教学目的以及本阶段的教学相关内容；

（2）学生课堂实践；

（3）本阶段相关优秀作品赏析；

（4）教师现场示范。

重点：

（1）讲解以同一构筑物为主、植物组团为辅的空间组合方法；

（2）讲解构图关系、空间关系处理及方法；

（3）讲解手绘表现图的不同表现形式及画面的艺术处理手法等。

难点：

（1）从客观借鉴到主观组合，从客观模仿到主观处理，从形象表达到艺术处理的转换；

（2）从植物单体或是植物组合到整个画面组织安排的转换；

（3）画面整体感的加强与作画整体意识的培养。

训练步骤：

练习的首要任务是为画面选择好主体，即形态美观、视角较好且具备一定设计感的景观构筑物。亭子、桥、廊架或是一些其他类别的服务设施都可作为对象。在确定好主体物在画面中的位置、大小后，便将其先勾勒到纸面上，并根据确定的作图数量复印出相应的画面，使每一张场景中都能有一件固定的构筑物。

然后，每位学生根据自己的意愿为主体添加环境。可运用空间透视、绿化组合等基本规律，根据想象填补画面的空缺，让主体坐落于设定的空间。每一张所表现的空间大小可以有所区别，季节、风格与氛围都可主观地加以创造。在添加配景时，每位同学应尽可能遵循植物的搭配法则，运用视觉规律形成疏密有序、形态丰富的效果。空间的处理则根据场景设定的范围大小确定所采用的手法。较大的空间场景，应强化景物的虚实对比，从明度、色相、形体塑造的细致度上与前景（主景）拉开差距。绿化品种的选择不宜过多，以相同或相似类别的植物组合为主，以追求大气整体的效果。较小的空间场景则需要在地被层与小乔木层多做文章，以形成层次丰富的中景，以及形态与色彩的变化多样，使画面结构变得饱满，体现出精致、优雅的氛围。

使用马克笔上色时，前景构筑物的塑造是画面的表现重点。这类元素一般都具有较为严谨的结构，将其作为画面主体进行表现，关键在于形体的塑造和空间关系的表达。课程练习中，将构筑物的主要结构关系表现清楚是基本前提，各个界面在明度、对比度、笔触、色彩倾向等方面都应有所区别，在此基础上可根据画面需要做不同程度的刻画，对材质、明暗层次的描绘尤其需要丰富细致，以使主体变得扎实可感。

课时分配：

本阶段总共 36 课时，占课时总长的 25%。其中理论讲授为 8 课时，实践练习为 28 课时。

作业数量与要求：

本阶段需要完成景观构筑物的组合练习 10 张。要求以某一主体构筑物为基础（2 周时间，不宜超过 3 个不同的构筑物），配以不同层次的绿化组团，形成不同氛围的空间场景。画面构图需要安排得当，各元素搭配有序，场景的设置合理，画面整洁，主次关系明了，空间透视准确，色彩和谐统一，塑造深入并具艺术性。

场景组合示范 2（母体）

场景组合示范 2：前景绿化层次丰富的场景组合（夏克梁）

场景组合示范 3：简单调整视角，加强主体表现力的场景组合（夏克梁）

场景组合示范 4（母体）

景观手绘课堂

场景组合示范 4-1：强化构筑物与绿化层次塑造的场景组合（夏克梁）

场景组合示范 4-2：突显构筑物本身形态关系的场景组合（夏克梁）

场景组合示范 4-3：塑造空间氛围的场景组合（夏克梁）

场景组合示范 4-4：强化季相特征的场景表现（夏克梁）

景观手绘课堂

场景组合示范 4-5：强化植物色彩层次的场景表现（夏克梁）

场景组合示范 4-6：强化季相特征并突出植物色彩层次的场景表现（夏克梁）

教学成果展示

本作品由吴桐提供

景观手绘课堂

本页作品由吴桐、高明飞提供

本页作品由徐锴、王康丽、孙湘艺提供

课外作业内容及要求：

本阶段需要完成建筑小品或空间场景的表现练习，数量不少于8幅。要求用签字笔（或钢笔）结合马克笔进行表现，可以照片为依据或现场写生，也可以组合创作。小品以生活中常见的类别为主，侧重于结构的合理、表达的正确，兼顾材质、空间层次的准确刻画。作业统一画在A3的速写本上，比例适当。

景观手绘课堂

建筑小品示范：以概括的手法表达形体结构与场景氛围（陈立飞）

小空间场景示范：强化以构筑物为视觉中心的表达（张权）

单元小结与点评：

景观构筑物的组合练习也常称为空间遐想练习，是学生从技法学习到实践运用的过渡环节。作业要求展现的是一个空间的完整画面，在这一阶段中，除了合理地组织画面之外，整体感的把握是学生面临的重要问题。整体感是画面处理的终极目标，是衡量景观手绘表现图品质的主要依据。缺乏整体感的景观手绘表现图作品，其艺术品质必然不高。尽管组成画面的元素是一个个单体，但在同一幅画面中，它们都应该形成一个完整的体系，个体间总是存在不可分割的有机联系。整体离不开个体，个体不能离开整体而独立存在。

整体感的塑造离不开秩序性的建立。任何复杂的画面，只要在其中寻找到建立秩序的方式，都能够形成整体的效果。许多同学在绘制景观表现图时，常常走向两个极端：一是将画面中物体的色彩和笔触表现得过于统一，导致画面单调、乏味，缺少变化；二是将画面中的物体表现得面面俱到，没有关注物体间的联系性。平均化处理是使作品产生繁琐细碎的主要原因，它使画面变得太"散"，直接影响了整体性的呈现。

要解决这个问题，必须认识到自然界是一个整体，一切事物是紧密相连的，在同一条件下，整体与局部之间必然是相互影响、相互作用、和谐统一的。同学应在这一原则的指导下，经常性地对画面进行整体的观察，获取画面的整体感受，正确地把握构筑物与绿化之间、绿化组团中各植物之间的呼应关系。在把握画面整体印象的同时，也要注意局部的细节刻画，并使其服从于整体。只有从整体到局部、再从局部到整体地对画面进行控制性调整，在统一中求变化，才能使画面既体现整体性，又不失局部的生动性。

6. 第六阶段：平、剖立面图的绘制（结合《城市小广场设计》课程）

平面图是景观设计中最为重要的图纸类型之一，它反映了各功能节点在设计范围内的布局状况，是设计师创作构思的基本反映，也是评判设计合理性的首要标准。它是效果图的基础，更是其绘制的依据。彩色平面图较线性图纸更具美观性和识别性，因此成为目前设计方案表述阶段必备的内容。它的表现对设计整体效果的表达与概念阐述起到关键的作用，对其视觉效果的重视程度不应低于节点效果图及鸟瞰图等。

与景观空间场景的手绘表现图相似，相比电脑绘制，手绘彩色平面图对画面关系的灵活处理是它优势所在。无论是方案构思阶段还是成果制作阶段，这种可随时对场景进行主观修饰的手段具有更高的成图效率，也能使平面图产生更为多变的面貌。

剖立面图也是景观设计中最为常见的图纸类型。它主要用于反映景观中各个部分竖向的变化关系。在制作设计文本时，为提高图纸的直观度与美观性，增加文本的丰富感，常常以马克笔表现的形式对线性的剖面图纸加以润色。作为一个完整设计方案的组成部分，剖立面图的表现风格往往跟随效果图，使设计从头到尾都能保持较好的统一性与完成度。

景观手绘课堂

教师示范作品

彩色平面图示范 1：较大场景平面表现（吴统）

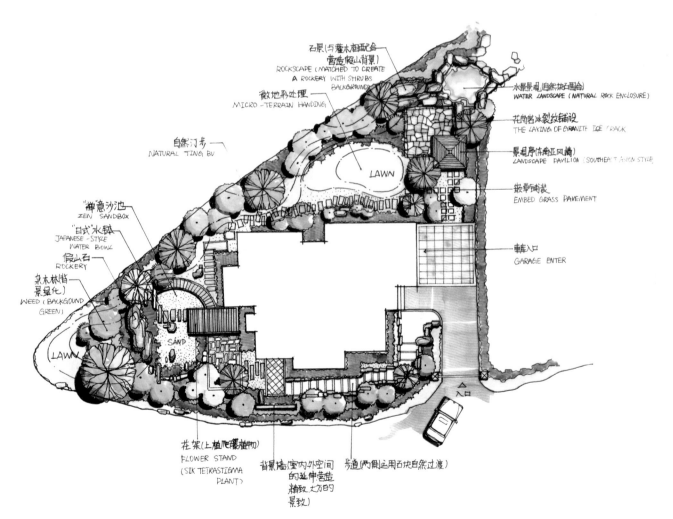

石景（与灌木相配合
营造假山背景）
ROCKSCAPE (MATCHED TO CREATE
A ROCKERY WITH SHRUBS
BACKGROUND)

水景景观（自然块石围合）
WATER LANDSCAPE (NATURAL ROCK ENCLOSURE)

微地形处理
MICRO-TERRAIN HANDING

花岗岩冰裂纹铺设
THE LAYING OF GRANITH ICE CRACK

自然汀步
NATURAL TING BU

景观亭（东南亚风情）
LANDSCAPE PAVILION (SOUTHEAT ASION STYLE)

嵌草铺装
EMBED GRASS PAVEMENT

禅意沙池
ZEN SANDBOX

"日式"水钵
JAPANESE-STYKE
WATER BOWL

车库入口
GARAGE ENTER

假山石
ROCKERY

柔木林梢
景复化）
WEED (BACKGOUND
GREEN)

LAWN

LAWN

SAND

入口

花架（上植爬藤植物）
FLOWER STAND
(SIK TETRASTIGMA
PLANT)

背景墙（室内外空间
的延伸营造
精致大方的
景致）

步道（两侧运用石块自然过渡）

彩色平面图示范 2：设计概念表达（吴统）

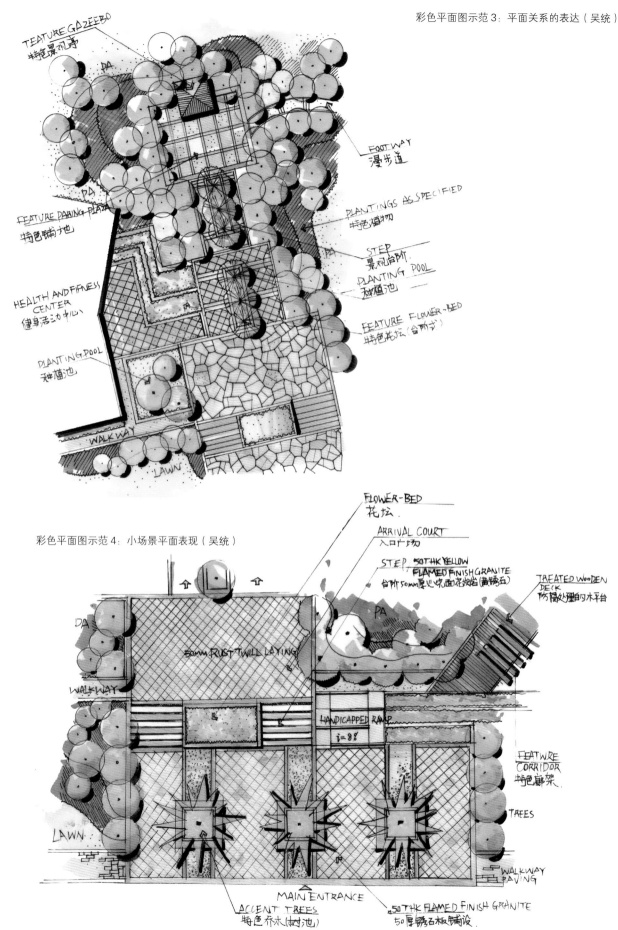

彩色平面图示范 4: 小场景平面表现（吴统）

景观手绘课堂

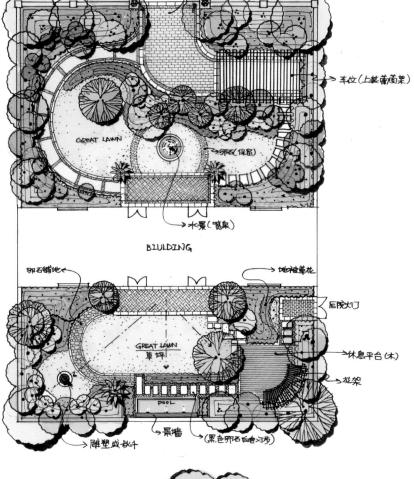

彩色平面图示范5：植物在平面图中的各种符号化表达（王宇翔）

103

彩色平面图示范6：平面图体现空间层次，表达色彩关系（王宇翔）

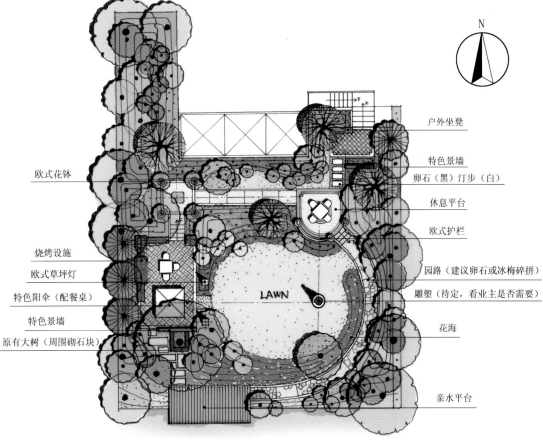

N

户外坐凳

特色景墙

卵石（黑）汀步（白）

休息平台

欧式护栏

园路（建议卵石或冰梅碎拼）

雕塑（待定，看业主是否需要）

花海

亲水平台

欧式花钵

烧烤设施

欧式草坪灯

特色阳伞（配餐桌）

特色景墙

原有大树（周围砌石块）

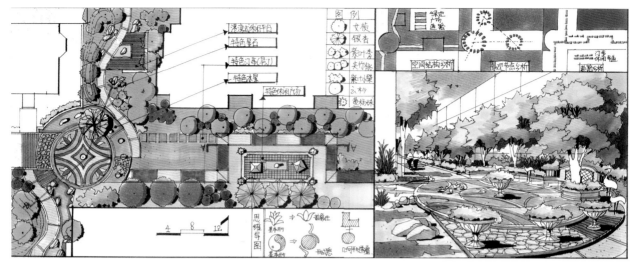

彩色平面图示范 7：彩色平面图是效果图绘制的依据（徐志伟）

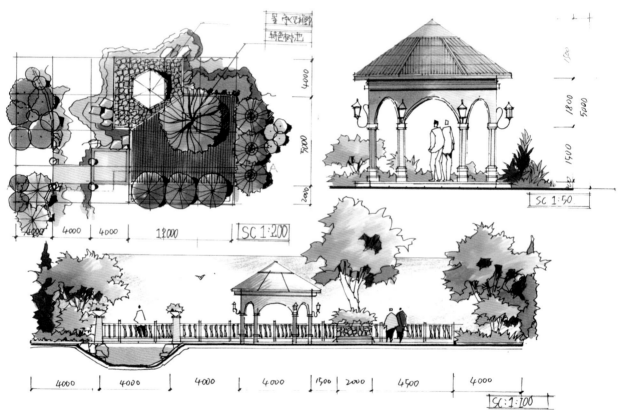

剖立面图示范 1：剖立面图与平面设计的严格对应（徐志伟）

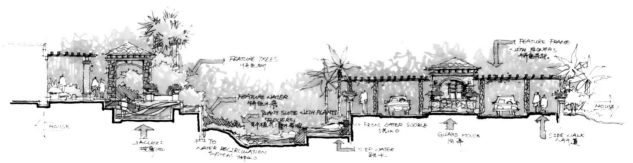

剖立面图示范 2：较为详尽的剖立面表达方法（张毅）

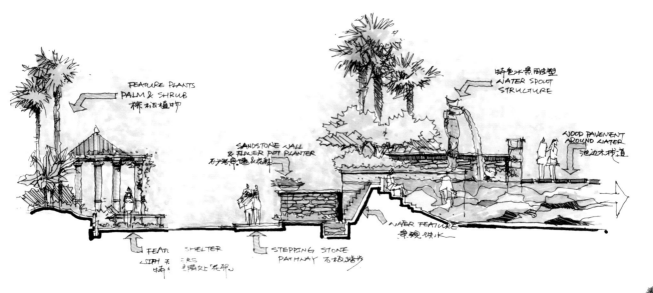

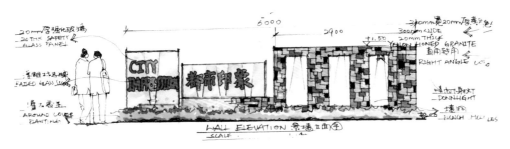

剖立面图示范 3：较为详尽的剖立面表达方法（张毅）

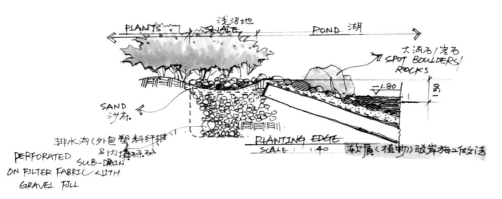

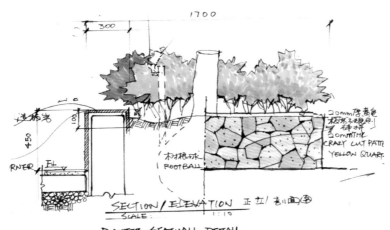

剖立面图示范 4：结合制图的细部关系表达（张毅）

教学目的：

一是结合《城市小广场》专业设计课，通过实践，让学生学会彩色平面图、剖立面图的绘制方法和制图规范；

二是让学生在实践运用的过程中发现问题，并学会如何协调设计方案和平面图、剖立面图之间的关系。

教学活动：

（1）点评前一阶段作业；

（2）讲解本单元的教学内容；

（3）优秀案例欣赏；

（4）学生课堂实践；

（5）教师现场示范。

重点：

（1）植物在平面图中的各种符号化表达；

（2）讲解彩色平面图常见的表现形式、绘制方法及注意事项；

（3）景观剖立面图的绘制方法和制图规范。

难点：

（1）彩色平面图如何体现空间层次，表达色彩关系；

（2）从具体的植物到平面化符号表达的转换；

（3）剖面图中植物、建筑物高低错落的组合以及前后空间关系的表达。

训练步骤：

彩色平面图的表现难度略低于场景效果图，尽管它属于二维线性图纸，但在表现时不能只表现单一层面的内容，元素的高低关系、体积关系和部分材质、纹理都应该在画面中有所呈现。在保持画面色彩丰富、色调统一的前提下，着重表达空间的高差关系。

首先，应从颜色和特征的塑造上使每个元素在画面中拥有清晰的辨识度，如树木、水系、草坪、花卉、建筑、道路甚至包括部分城市家具。它在

钢笔稿阶段就应将每件物体的形态描绘清楚，上色时则需借助效果图的空间处理手法，运用笔触、质感的表达强化每个元素的造型与空间关系，以投影、明暗、色彩等关系的刻画强调出各景物不同的高低层次。其次，运用前面阶段所学的处理手法，在整体关系上追求体量、虚实、色彩等方面的对比，使画面变得更有层次感，更能突出视觉中心。再者，在色调的营造上仍然可以发挥主观能动性，根据画面风格做出一定程度的调整，使其变得更艺术、更传神，更能形成引人入胜的氛围。

平面图的完成深度往往由场景内容所决定。如果所表现的场景范围较小，那么需对地面的铺装进行较为细致的刻画，树木的种类也可加以细分。表现较大场景时可对画面中主要部分或是面积占有率较大的材质加以描绘，次要的或是面积较小的部分以概括的手法画出即可，无需面面俱到。

彩色剖立面图中植物、构筑物等景观元素的表现方法与场景效果图中的基本相同。绘制时除遵循上述要点之外，在保证图面关系正确合理的基础上，各构筑物、小品的样式、材质应尽量符合设计要求，植物种类也应做到与平面的严格对应。可适当通过人物、交通工具等进行功能的阐释和气氛的渲染，一方面根据内容确定具体的位置、数量与组合方式，另一方面根据构图做出进一步的调整优化，增加场景的生动感。

课时分配：

本阶段总共 18 课时，占课时总长的 12.5%。其中理论讲授为 4 课时，实践练习为 14 课时。

作业数量与要求：

本阶段需要完成 1 张总平面图、2 张局部平面图、8 张剖立面图。要求总平面彩图画在 A3 以上的图纸上，局部平面图、剖立面图可以画在 A3 的纸张上，也可将两个图同时安排在一张纸面上；图纸表达清晰，层次分明，色调统一，符合制图规范。

教学成果展示

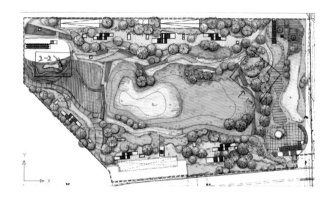

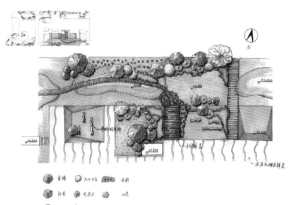

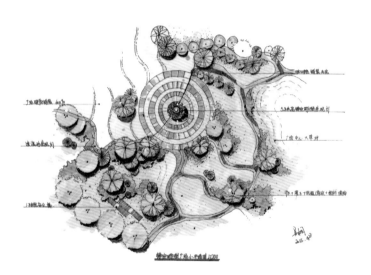

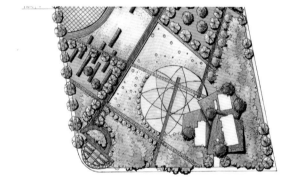

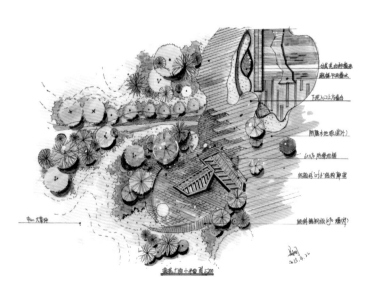

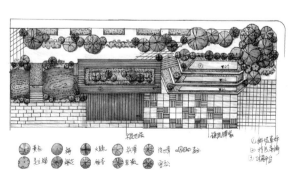

本页作品由任紫琪、王巧儿、吴桐、袁佳宁提供

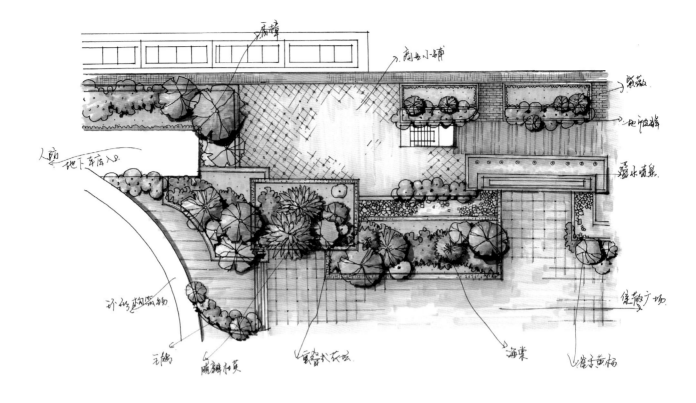

次入口

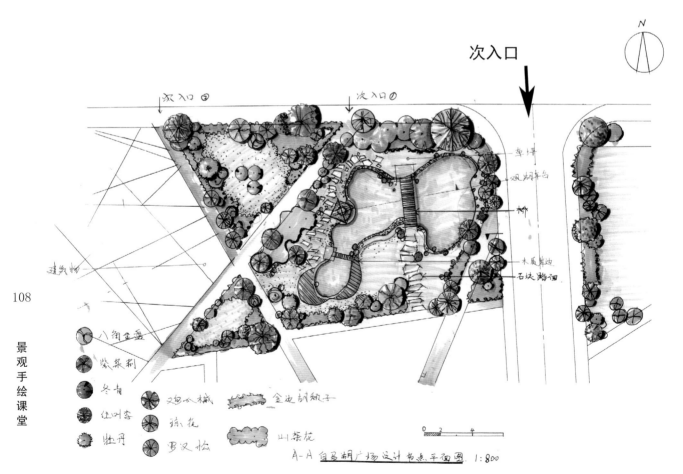

A-A 白马湖广场设计节点平面图 1:800

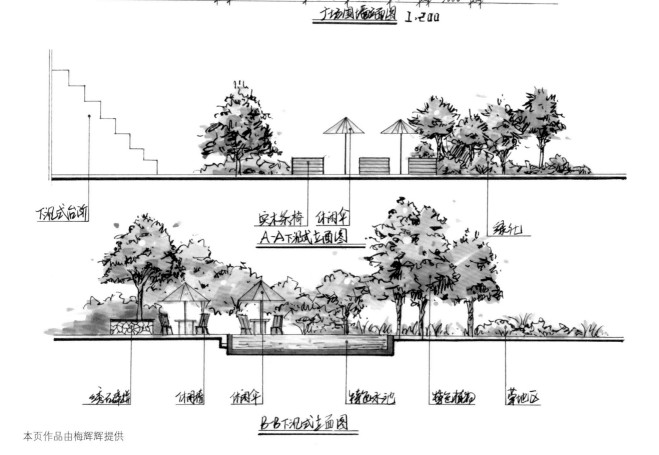

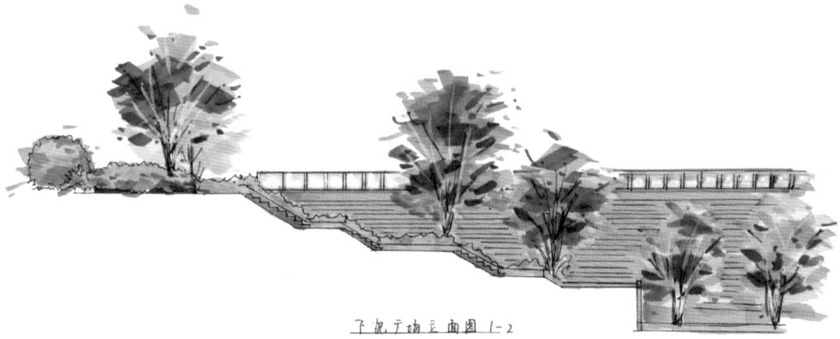

下沉广场立面图1-2

下沉广场立面图1-3

图①

白马湖广场剖面图E

景观手绘课堂

本页作品由孙湘艺、
袁佳宁、王芳芸提供

图例：
01 四维节所
02 特色花坛
03 清水池
04 木质栈道

E段剖面图

叶子形廊架

60×90厚花岗石铺装

土层（隔水装置）

地下商场门面房

隔水装置十顶灯

地下车库

1-1加固段"叶子"形廊架剖面图 1:150

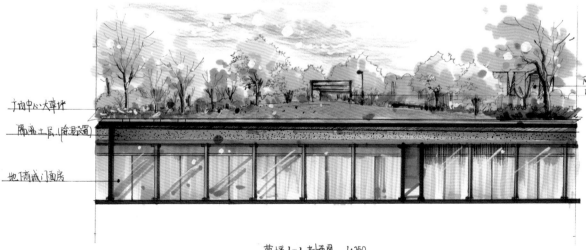

广场中心大草坪

隔涵土层（除湿装置）

地下商城门面房

风中广场顶棚
叶子形廊架

草坪1-1剖面图 1:250

本页作品由吴桐提供

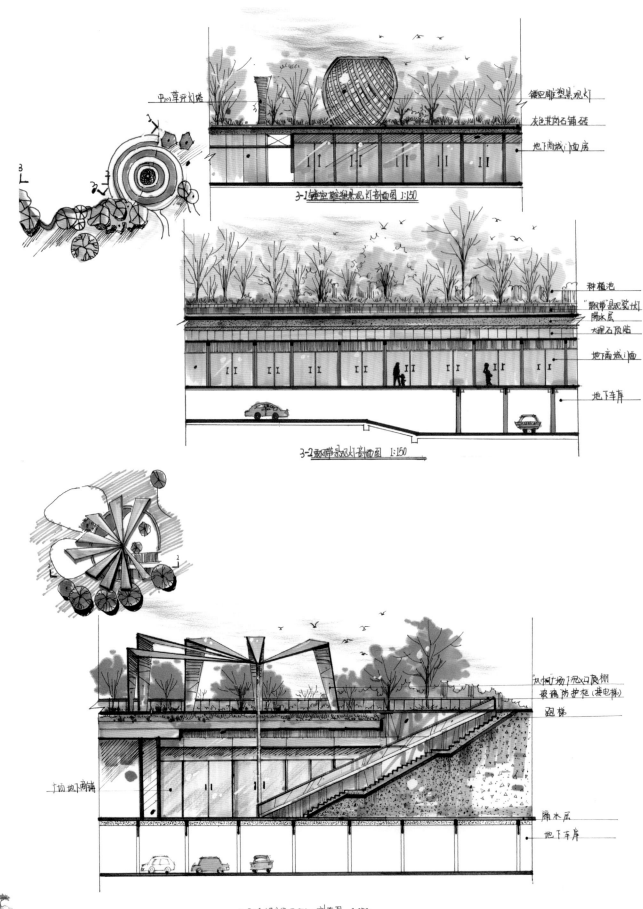

平田草坪灯塔

镀锌雕塑景观灯

灰色井纹石铺砖

地下商城i面房

3-1镀锌雕塑景观灯剖面图 1:150

种植池

"飘带"景观饰灯

隔水层

大理石顶贴

地下商城i面

地下车库

3-2飘带景观灯剖面图 1:150

风桐广场i院入口顶棚

玻璃防护栏(接电梯)

跑梯

广场地下商铺

隔水层

地下车库

2-2风桐广场下沉入口剖面图 1:150

本页作品由吴桐提供

课外作业内容及要求:

本阶段需要完成景观元素图例的表现练习,数量不少于 20 幅,用签字笔(或钢笔)结合马克笔进行表现。要求表现手法多样化,写实和装饰、简单概括以及细致严谨的风格都应包括在内。作业统一画在 A3 的速写本上,位置安排得当,数量适中,画面整齐有序。

课外作业示范作品

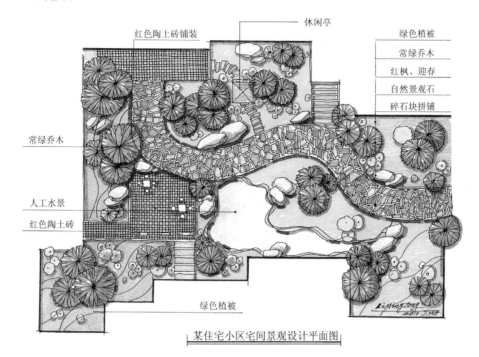

某住宅小区宅间景观设计平面图

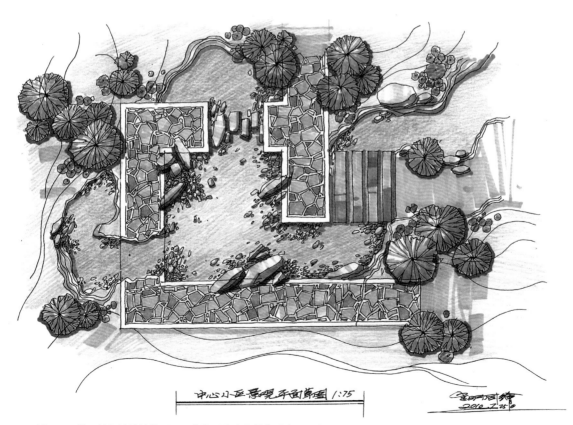

中心小区景观平面草图 1:75

图例运用示范:从具体的植物到平面化符号表达的转换(李明同)

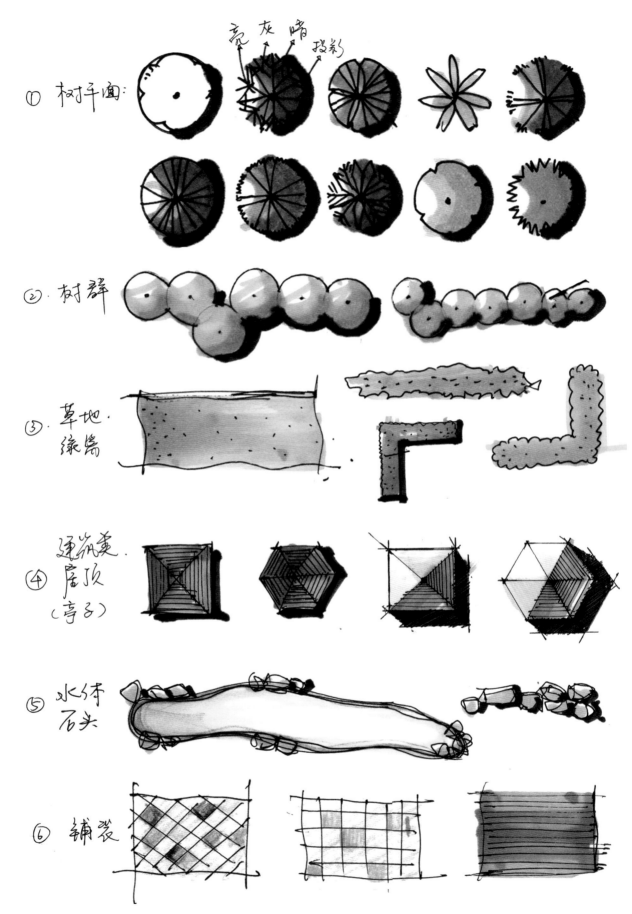

植物等元素图例示范 1：结合明暗表现各类元素平面关系（陈立飞）

植物等元素图例示范 2：单棵植物及组团的多样化平面表达与色彩组织（陈立飞）

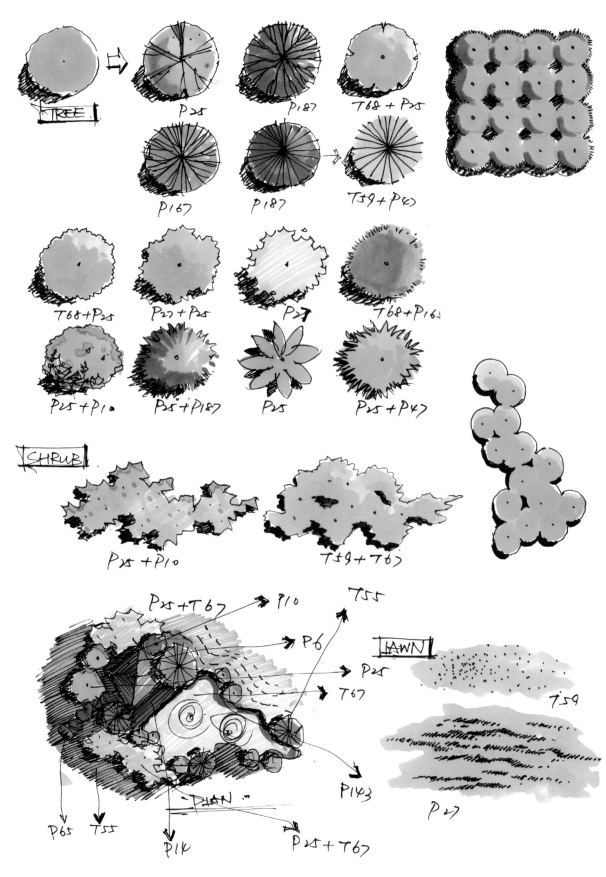

TREE

P25　　　P187　　　T68 + P25

P167　　　P187　　　T59 + P47

T68 + P25　　P27 + P25　　P27　　T68 + P165

P25 + P10　　P25 + P187　　P25　　P25 + P47

SHRUB

P25 + P10　　　　　T59 + T67

P25 + T67　　P10　　T55

P6

LAWN

P25

T67

T59

P27

P65　T55

DIAN

P14

P143

P25 + T67

景观手绘课堂

植物等元素图例示范 3：各类植物的平面表达方法（张毅）

单元小结与点评：

本阶段的练习首先是在于绘图的规范，其次是美观。平面图中的植物等内容的表现有很多相应的符号，需要同学们熟知和了解，因此资料图的收集与整理是每位同学在学习过程中必须要做的基础工作。资料积累得越充足，越有助于景观平面、剖立面图的创作。在练习的各个阶段，都需要有相应的资料图作为参考与研究的摹本，并在表现时直接选用相应的图例，用于不同类型画面的美化。许多同学由于资料积累不足，导致图面植物效果单一，缺乏各自的特征，画面的丰富度和美观度都有所欠缺。

解决该问题，需要养成随时收集资料图例的习惯。除了各类植物素材的平、立面表现样式与常见的景观构筑物以外，人物、交通工具、公共设施等用于渲染画面气氛的元素也需要做成资料库，以便在需要时及时调用。这种日积月累的工作不但使资料的内容不断得到丰富，数量快速地增长，而且使我们在绘图时能有充分的选择余地，通过比较筛选出最适合图面效果的素材，使绘图质量得到明显的提升。

由于平、剖立面表现图的表现形式多种多样，

有写实性的、装饰性的或是草图式的，因此资料库内各类素材的风格也需多样化，以适应各种不同的表现形式。创作时则根据画面风格、构图要求等选出相应的配景，构建理想的效果。

7. 第七阶段：手绘表达的实践与应用（结合《城市小广场设计》课程）

表现景观设计方案效果是学习手绘表现的最终阶段。我们在完成前面几个阶段的学习，掌握手绘表现基本规律和技巧的基础之上，将二维的景观设计工程图纸转化为三维空间形态，用相对写实、深入的刻画方式直观地展现设计效果。该过程与第四阶段的练习方式大致相仿，但所需面对和处理的问题要复杂得多。这种创造性的表现一方面需要看清图纸，准确理解设计意图，对每一部分的表现内容做到心里有数，另一方面又需要对画面进行合理的组织布局，如选择角度、设计色调、组织配景等，以此展示设计者心目中的理想之景。该阶段培养学生主动创作的意识和能力，目的是使学生即便在绘图的过程中没有范本参考，也可以做到得心应手、收放自如，真正地将表现技法完美地融于实践。

教师示范作品

较大空间场景示范1：手绘效果图是主动创作意识和能力的体现（陈立飞）

步骤 1

步骤 2

步骤 3

景观手绘课堂

步骤 4

较大空间场景示范 2：步骤图绘制（徐志伟）

较大空间场景示范3：手绘效果图也能较为写实、深入地展现设计效果（陈立飞）

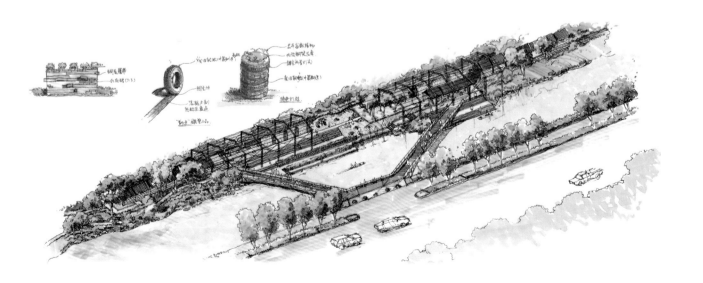

较大空间场景示范4：绘制手绘效果图能提升设计意识（吴统）

较大空间场景示范 5：以最佳的视角展现景观元素与空间层次的丰富性（耿庆雷）

景观手绘课堂

较大空间场景示范 6：合理的视角选择与各景观元素的高低、色彩搭配，构成和谐的空间关系（张毅）

较大空间场景示范 7：以动态水景为前景的表现易表达灵动、活泼的环境气氛（张毅）

较大空间场景示范 8：正式绘制手绘效果图前可以先简单勾画草图（张毅）

较大空间场景示范 9：展现空间的纵深层次，并不失场景的丰富性（徐志伟）

景观手绘课堂

较大空间场景示范 10：以驳岸为视觉引导的空间组织（陈立飞）

教学目的：

让学生在实践中掌握景观设计方案的手绘表现方法，锻炼设计表达的应用能力，培养学生设计表达的综合能力。

教学活动：

（1）点评前一阶段作业；

（2）讲解本单元的教学内容；

（3）优秀案例欣赏；

（4）学生课堂实践、课堂命题考试；

（5）教师现场示范、课程总结。

重点：

（1）景观空间场景的组织搭配、绘制方法及注意事项；

（2）讲解绘图的步骤和处理方法。

难点：

（1）从组合练习到实践运用的转变；

（2）空间的透视、比例、组合关系的合理、准确把握；

（3）画面的处理得当，能有助于设计意图的表达；

（4）在考试中的灵活应用。

训练步骤：

景观设计方案效果图的绘制主要包括四个步骤：选择视角、勾画草图、描绘线稿和随形着色。

（1）选择视角（场景）

为景观设计方案选择一个合适的表现视角是手绘效果图绘制的首要步骤，也极为关键。一个设计方案常常有多个视角可加以表现，选择的标准一方面需根据设计师的设计意图来确定，即设计中最需要表现的内容是什么，它有何特点，如何尽可能通过视角形成的构图关系强化其视觉主导地位；另一方面则是根据构图的美观性原则进行衡量，即所选角度形成的图面能否传达出普适的美感，是否让人觉得赏心悦目。这两方面因素在视角选择的过程中都应兼顾。

无论是初学者还是有一定经验的设计师，在选择设计表现视角时都很难一步到位，往往需要通过反复地推敲与比较来确定最终的意向。视点高低、前后及左右位置的微小移动都可能影响到效果与意图的呈现。因此，选择视角较为合适的方法是多视角综合比选，即根据设计师的想法先设定几个可以用于出图的角度，以较快的速度将它们的草图小稿分别勾画在一张图纸上，结合设计意图的传达比较与判断各自的优劣，进而选出其中最为理想的一张作为最佳视角。

（2）勾画草图

确定了设计的最佳表现视角后，便可进行透视草图的勾画。这一步骤大致可包含以下几方面内容：依照设计意图，通过认真研究与比较，确定画面内需要表现的具体内容及其空间位置、比例大小等；根据所要描绘的空间特征，进一步确定最佳的构图关系，充分考虑画面的正负形与主次关系；确定透视表现类型并绘出各景物大致的空间分布；根据场景的表现内容来确定画面色调。在对画面进行初步布局的同时，也需针对过程中画面出现的问题进行适度的调整，在反复的线条叠加中使图面做到空间透视准确、尺度得当、各景观元素比例合适、位置摆放合理、形体关系区分清晰明了。

（3）描绘线稿

在草图空间透视、表现元素基本确定的前提下，用比较严谨、规整的线条来对空间中的主要构成面、转折面、主体物及绿化的形态、质感、比例、空间位置等进行描绘，将粗放的草图转化为细致的线描稿。这个阶段要求用线果断、肯定，能在一定程度表达不同物体的表面质感。排线时能做到整齐统一而不失变化，能顺应物体的结构转折和明暗变化。在景物关系的表现上尽量做到准确、到位，一方面需要组织画面中黑、白、灰的比例分配，另一方面需要分清主次关系，对重点对象、视觉中心给予较为全面的刻画，对次要对象采用概括性的画法，让画面在线稿阶段就能呈现一定的层次感和准确性。

（4）随形着色

准备完线稿，接着便开始着色，这也是最关键的一步。着色时，首先需要用马克笔粗略地对物体的固有色以及主要部分的明暗关系、色彩关系和光影关系进行区分，建立画面的大体明暗及色彩结构。在着色过程中始终要注意画面的空间前后关系、整体明暗色块的分布和画面色调的统一，用色数量不宜多，无需追求过多的色彩变化，以固有色的表现为主，确保色彩的协调性。从空间表现的角度来说，竖向与水平向的关系要清楚地进行区分，不可含糊。各个界面上的前后关系也要适当进行表现。区分界面时，需牢牢抓住画面中主要的明暗交界线，对物体进行概括的刻画。用笔应整体，从设施、植物表现的角度来说，整体的明暗、色彩对比关系要呈现出来，虚实关系要有意识进行区分。画面色彩不宜铺满，要保持一定的透气性，笔触排列整体有序。

接着，便要进一步加强主体对象的细节刻画、明暗色彩层次，进一步强调材质的细致描绘、光影关系等。一方面，通过用笔和用色数量的增加，使画面内容逐渐丰富，明暗对比逐渐拉开，色彩变化有所增强，画面关系更加清晰；另一方面，加强对光影关系的刻画，尤其是增加暗部的层次，使画面的真实感和各部分间的联系性不断地加强。该阶段需严格注意用笔用色的严谨性，可适当地使用细腻的小笔触为场景中的物体添加细节，包括物体材质、局部构造和表面装饰纹理等内容的进一步表现，让画面传达的信息量大大增加，各种关系更为分明，视觉中心更为突出，精彩程度得到更大的提升。人物、交通工具等用于丰富和活跃空间气氛的元素也应有选择性地进行塑造，以起到画龙点睛、活跃场景气氛的效果。

最后，在画面基本完成之后，还需要对画面的整体关系进行适当的调整，对于画面的整体空间感、色调、质感及主次关系再次进行梳理，从大效果入手修整画面，确保场景关系的清晰、有序与协调。如果前面的阶段对画面某些局部的塑造不甚理想，使画面的整体关系受到一定的影响甚至产生破坏性，那么也可以借助于其他辅助绘图手段来对这些局部做出修改，例如借助于电脑软件做修补，综合运用各类编辑工具将缺陷弥补掉，从而使画面的整体性、协调性得以增强。这些后期调整工作做完之后，景观手绘效果图的表现便全部完成了。

课时分配：

本阶段总共 18 课时，占课时总长的 12.5%。其中理论讲授为 4 课时，实践练习为 14 课时。

作业数量与要求：

本阶段需要完成空间场景表现图 5 张，其中 1 张为课堂命题考试。要求结合《城市小广场设计》的设计课程，根据每位学生自己设计的小广场，选择合适角度，用所学的方法表现空间场景。考试作业则以教师提供的平面图为创作对象，根据每人对平面图的不同理解绘制一张手绘效果图，需在课堂上完成，限时半天，要求卷面整洁、透视准确、构图完整、色彩和谐、表达清晰、处理到位。

教学成果展示

本页作品由温丽静、吴桐提供

景观手绘课堂

本页作品由吴映红、朱继龙提供

本页作品由高明飞提供

景观手绘课堂

本页作品由吴桐、高明飞、吴佳丽提供

2013.5.29. Lin

本页作品由吴桐、林佳提供

景观手绘课堂

本页作品由吴桐提供

本页作品由吴桐提供

广场手绘效果图.

景观手绘课堂

本页作品由朱继龙、吴桐提供

课外作业内容及要求：

本阶段需要完成钢笔线描稿的表现练习，数量不少于 5 幅，用签字笔（或钢笔）进行表现。要求画面内容充实、空间关系合理、层次清晰、用线果断、形体关系描绘到位。作业统一画在 A3 的速写本上，构图安排得当。

课外作业示范作品

场景线稿图示范 1：强调空间纵深的营造，注重植物高低关系的搭配（张毅）

场景线稿图示范 2：以植物特征的表现为主（张毅）

景观手绘课堂

场景线稿图示范3：以展现住宅建筑为目的的场景组织（耿庆雷）

场景线稿图示范 4：以展现公共建筑及街区氛围为目的的场景组织（耿庆雷）

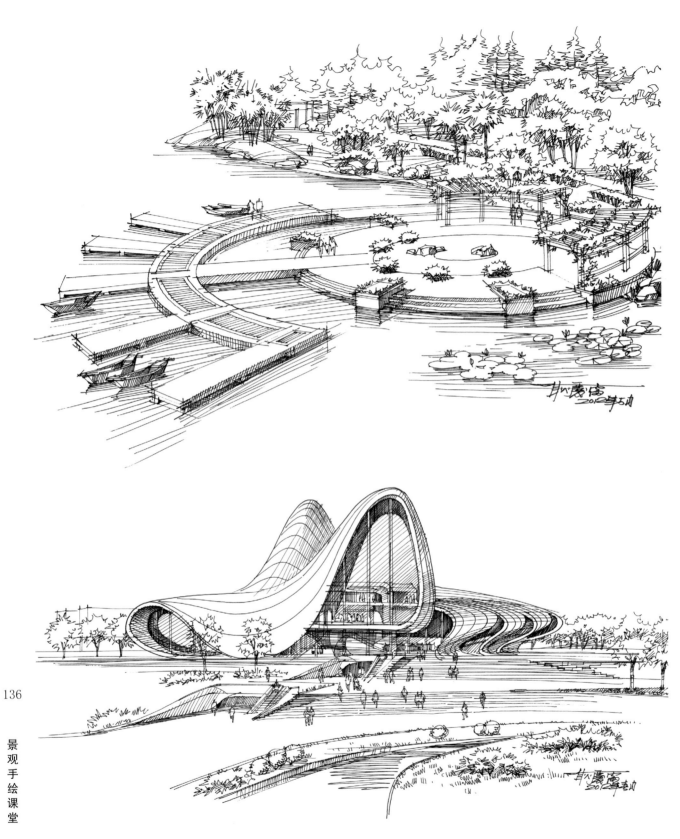

景观手绘课堂

场景线稿图示范 5：突显主体物且视角范围较大的场景组织（耿庆雷）

课程总结：

学习景观手绘的直接目的就是在实践中能够表达设计思想、表现设计成果。而许多同学一味追求高层次的表现技巧，忽略了其在实践中应用的方式与方法。这种偏差致使学生在手绘练习时能够画出不错的作品，一旦进入设计实践环节，却难以发挥手绘的作用。他们不知道如何将学到的技巧转化为有用的图纸，所画的图常常不知所谓，体现不出项目中原有的设计意图，效果的呈现也难如人意。如此一来，所学与所用间出现了断层，手绘在景观设计中的实用性便大大降低。所以，同学们在学习中除了对技法的研究之外，还应该从设计表达与效果展现的角度进行手绘的研究思考，以设计师思考问题的方式解决表达的目的性问题，建立合理的作图步骤，即研究设计目的、确定表现对象、推敲效果展示的最佳方式，并将构图、画面处理、视觉中心营造等技巧应用到画面效果的传达中。以这种方式进行手绘训练，课堂的"学"与实践的"用"之间便能形成相互关联，使"学"以致"用"。

四、课程考核

1.考核方式

该课程以平时表现、作业审核、考试成绩相结合的方式，按百分制给予成绩。其中百分比构成如下：

平时表现占总成绩的30%，以出勤、课堂纪律、是否有进步等为依据。

作业审核占总成绩的30%，以学生的技法掌握程度、画面效果为依据。

考试成绩占总成绩的40%，以实践运用是否到位、画面效果是否具有艺术性为依据。

2.考核标准

以平时表现、作业审核、考试成绩为参考依据，最终评定综合分数。

（1）考察标准：迟到、早退每次扣1分；缺勤一次扣10分；并根据是否按时完成作业、是否

有进步等酌情给予分数。

（2）作业审核标准：画面构图是否合理、透视运用的准确程度等占10%；马克笔表现技法的掌握与运用占10%；画面处理的艺术性和整体性占10%。

（3）所表现的内容选择是否得当（包括角度的选择）占10%；所表现的画面是否符合平面布置图（手绘效果图是否跟平面图对应）占20%；画面处理是否整体、是否具有艺术性占10%。

五、学生学习心得

艺术——感化我

不知道你是如何体会艺术、体会绘画、体会表现的，请听听我对绘画之路的各种感受吧！

其实，从没想过自己会选择画画这条路并走进艺术院校。可能这是注定的，中考失利，那时候几乎每天以泪洗面，我不得不面对这一切。进入高职，身边的人都劝我去学工艺美术。面对陌生的绘画材料我当时懵了，很茫然，很害怕，很无助。尤其是学"色彩"，接触到各种颜色。我都不知道怎么去表达当时的感受，就是很紧张很怕出错。我没学过画画，从来没想过跟色彩可以这么亲密地接触，从来都不知道它是怎样一种存在。慢慢地，我发现了"色彩"的各种美。因为一份好奇之心，我对颜色愈来愈情有独钟，愈来愈喜欢。它可以让我随性地发挥，让我静心地去揣摩，让我耐心地坐在教室画一整天。

画画就像人生，要把握整体，要随时调整，最根本的还是用心、细心、耐心、静心。不能太着急，也不要勉强自己尝试当前没能力做到的事；如若不然，会让你浮躁。画得没有预料的好，达不到自己想要的效果，就会很不开心，做什么事都会烦躁起来，人会特别失落。这时候要找找画法上的不足，或许是用错了方法，或许是还没透彻领悟手绘的技巧、掌握色彩的灵动。不能因为画不好而烦躁，至少要对自己充满信心。假如没有耐心，就会自寻烦

恼；持之以恒，学会耐心，则会让你受益匪浅。

高中这三年里，"色彩"成了我生活中的一部分……努力总会有收获，我考进了现在这所大学，接下来的就是我在大学里学习绘画的心得与感受，还有我个人的建议。

进入大学之后，每一天都是充实忙碌的，每个月都在尝试接触新的课程、不一样的作业。有时候真的会很累，但还是走过来了。大二的两个学期各有一个单元（四周）为夏克梁老师的《景观手绘表现》课，要教我们马克笔手绘表现，大家都兴奋地议论着，我也很期待能见到他。好多人都是夏老师的粉丝，我想我现在也已经是其中的一个小粉丝了。

刚接触马克笔时很生疏，没有深入地了解它的性能与特点，手绘课的第一次作业分数很低。其中的原因我自己后来慢慢感悟到了，技巧不对，方法也不对，笔触不够干脆，画面感不强，真的很丑。好在每一天都可以看夏老师的课堂示范，看他如何使用马克笔，如何搭配色彩，如何把控画面。有时他也会跟我们讲解使用马克笔的技巧和绘画的原理。经过一个月的学习我喜欢上马克笔了，因为它的笔触刚中有柔，可以很洒脱、果断，不会思绪太多。就我个人而言，我特别喜欢用马克笔处理深色部分，厚重感强烈但不昏暗又显得很清澈，不会流俗，却很别致。浅色部分可以用彩铅代替马克笔以弥补过渡不足。但有时浅色的马克笔也可以很好地运用在整个画面中，增加整个画面的统一感。

初学者在学习马克笔绘画的时候，我建议要先掌握方法，再以大量的作品多加练习，也可以适当地临摹其他好的作品。临摹是必要的，但不要盲目地跟随别人的脚步，要有自己的绘画特点。起初呢，什么都不懂，是要看看其他人怎么是用马克笔的，怎么绘画的，但不能丢了自己的思想，不去思考、不去研究是不可取的。还要随时保持刚开始对马克笔的热爱，留有一份激情。这种来之不易的感觉可能会慢慢消磨，但只要你放轻松，不被干扰，冷静沉着，就有可能一直喜欢它。可以肯定的一点是，手绘是没有捷径的！没有最好，只会是更好，要加强练习才会有效果，多动手去绘画，去了解马克笔，

你会发现这其中的乐趣。

——地谈马克笔的性质与特点了，其实，马克笔的表现方法也没有什么一定之规，同一个画面可以用不同的工具、不同的方法表现出自己想要的效果。经过两个单元课程的实践和夏老师的悉心教导，我们班大多数同学都在进步，画得越来越好。在这个过程中我学习到很多绘画知识与技能。有些东西只有自己在画的过程中才能领悟，只有自己亲身体验才能懂得其中的趣味。

写实不是最终目的，却是不可或缺的一个阶段，它是一种能力，是今后进行个人创作时最基本的要求。画画是问眼、问脑、问心的过程，需要严谨的态度，需要安静，需要理智，所以画画的时候不要带着浮躁的心情，也不建议在画画的过程中戴着耳机听音乐，这样会分心。有些画面，不到心如止水的境界是出不来理想效果的。我们看一幅画觉得它好安逸，好安静，好有张力或充满各种情绪，那都是艺术家内心的流露，每个细节都蕴藏在丰富敏感的心里！生活、画画、与人相处，都是息息相通的，一颗清明澄澈的心，看到的是实相，感觉的是自由，以一颗自由敏锐的心去画画，运笔自然清透。

我们还是要继续深入，直到当前的自己满意为止。

有一分的力，表达不出三分。

有十分的力，是自然的流露。

13景观 梅辉辉

手绘心得

首先，很荣幸我的作品可以纳入夏老师和徐老师的书中。

手绘，对于我来说一开始就不陌生，在大学填报志愿的时候我果断地选择了设计，并且初步了解了手绘。2013年9月，大一开始手绘就进入了我的世界。钢笔画作为大一的基础课程出现在了我的课表里。虽然当时的我经历了高中三年的素描、色彩、速写的练习与积累，物体的造型能力有较好的基础，然而对钢笔这种绘画材料还是感到陌生。在第一次

握住钢笔去画一根直线的时候，我感觉到了一丝的慌张，慌张地握着笔、慌张地在纸上拉着直线。

还记得第一个课时是从画线条开始，当时的我很不解，为什么我们经过专业训练的艺术生还要练习线条？而现在我很庆幸，在学习手绘的过程中线条这一"头口奶"喂得太恰当、太有必要了。塑造画面的时候，丰富、灵动的线条是画面的灵魂所在。就这样一张一张、反反复复地在白纸上拉着横线、竖线、斜线。在一次次钢笔与纸张的摩擦中，我的心境也在发生着微妙的变化。当练习从线条到了体块的组合时，果断干脆的线条交织在纸上，而我已然爱上了这种绘画方式，每天的练习慢慢从任务变成了兴趣，由被动变为主动。就这样每日的练习、每日的积累最终让我拥有了一手漂亮的线条。

时间总是在不经意间就从指缝中溜走，很快迎来了我的大学二年级。看到课程表我很兴奋，因为其中一门课程——手绘表现——授课人是夏克梁，欣喜若狂于我的手绘课是真正的手绘大师来教。满怀期待地迎来了夏老师的手绘课，从第一课开始就进入了紧张的学习之中。由最初的一棵树、一丛草、一块石头练起，再到小品组合的练习，在反复练习和夏老师严格的要求与悉心教导之下，我的手绘能力也在不断地进步着。

在手头功夫得到锻炼的同时，审美也就是眼界也要同时提升。多去看大师的作品，认真分析学习。夏老师的课堂示范就是我最好的吸取养分充实自己的机会。在跟着夏老师学习的过程中，除了直观地看他的作画过程，学到的最重要的是他的坚持不懈、十年如一日的手绘的态度。

一个阶段的课程很快就结束了，我没有因为课程的结束而放下手绘，每天坚持在我的手绘小本上做练习，外出旅游或是平时的生活中看到的有意思的东西都会拍下照片，而后记录到我的手绘本上作为素材积累起来。经过慢慢的积累，看着从线条开始，最后形成一幅整体的画面，喜悦感油然而生。我想这也是我对手绘越来越有兴趣的关键所在。

在解决了线稿的问题以后就到了大家最为关注的马克笔上色阶段了，这同样需要在反复的练习

中去了解绘画材料的特性。笔触灵活变化与运用恰当、下笔肯定干脆才能塑造出明亮的画面。在运用颜色的叠加时，要注意不要反复磨蹭，那会使得画面变灰变脏。颜色得围绕着结构涂上去，说到结构其实还是要在线稿阶段解决，有扎实的线稿才能在上色时不那么吃力。

回顾手绘的学习过程，我总结了以下几点，与大家分享。

第一，兴趣是能否学好的重要因素。想要画好手绘首先喜欢上手绘，如此才能在练习过程中越来越有信心，越能长久地坚持练习下去。

第二，量变引起质变。比如，首先要画熟练了，而后才能对运笔的笔触、马克笔的笔触变化可以画出哪些不同的效果有所体会; 还要多看大师的作品，学习大师的笔触。

第三，提升眼界。多看好的作品，多看多想，培养好的审美，知道什么样的画面是最好的，最后朝着哪个方向去。还可以把佳作中的有益元素直接运用到自己的画面之中。

第四，良好的心态。在我的同学朋友圈子里也有很多人会问我："为什我画不出明亮的、成熟的画面呢？"我想说好的画面一定不会出自于犹犹豫豫的手，画面是否有张力、是否可以让人眼前一亮主要在于绘画者的绘画基础和信心。自如的笔触、大胆的用色才会使画面更有感染力。

在学习手绘的路上我很庆幸遇到夏老师这位专业顶尖、人品超棒的导师，他十年如一日坚持手绘的精神是我鞭策自己的动力。大师都如此努力我们有什么理由松懈？我爱手绘，我在路上……

13 级景观 吴桐

马克笔课程学习感想

很多人喜欢画画，有兴趣能起到积极作用，但是感兴趣的事情那么多，有兴趣的人也那么多，真正能把感兴趣的事做到精的人不多，所以才有贵在坚持。看见优秀的人觉得羡慕，其实如果愿意付出他们同等甚至几倍的背后努力，你也能在慢慢积累

中不知不觉进步，这点我深有体会。有的时候大家都是被逼出来的，不做都不知道自己可以做到，可以做好，量变达到质变。

一幅好的线稿是上色的基础，线稿的好坏直接影响到之后的上色。有一幅好的线稿，之后的效果图就成功了大半。为马克笔上色的前期线稿可以分两类，一类线稿讲究简洁概括，这样再上色时可以大胆展现笔触，随意发挥，也能突出色稿，弱化线稿；另一类线稿画得很细致，这样上色不易出错，减轻上色压力。无论是哪种方法，前提都要透视形体比例准确，构图和谐。平常多做线稿的练习，选择一些作品进行临摹，临摹时先选择结构画得清楚细致的。即使临摹大师的作品也需要有选择性，因为他们的很多东西都是在学到一定高度后才能看明白的。

马克笔是速干且稳定性高的绘画工具。马克笔笔触要准确、肯定、不拖泥带水。在刚开始使用马克笔的时候一般都不能很好很快地把握它的特性。拿到马克笔时，可以先自己把玩，随意转动笔头去探索不一样的效果。实际开始运用时，运笔过程中用笔的遍数不宜过多，即便觉得画错一笔，但把握好总体，局部的不足就会弱化，刻意修改反而会影响画面。这是初学马克笔时经常出现的错误。

植物在我们的效果图中是必不可少的，景观类专业关于植物的练习就占了一半的时间，大量的植物练习为之后画效果图打下基础。接下来将植物与小品建筑搭配，组合成一个小场景。即便是小场景，在画好线稿，进行上色之前，对于整个画面色调，需要有整体的把握，即确定白天黑夜，选择春夏秋冬等，清楚自己想营造的画面氛围。从小场景再慢慢拓展到大场景，添加东西进去。每天练习，不知不觉中就在进步，可以说这一套方法为我们带来了很好的效果。

此外，要调整好自己的心态。有没有试过逼自己做不想继续下去的事情？比如兴起画画的念头，动手起头还没多久，发现不好看，画糟了，就烦躁，最后就不想画；比如学习一样东西，发现没那么好学，就编个理由安慰自己，最后放弃；这时候应该逼一逼自己。如果一直不画或者放弃，浪费的是自己的时间，以后免不了后悔。觉得画糟了，也告诉自己认真画完，可能会发现整体会带动局部，没有那么糟。放弃不要太轻易，坚持到发现自己在进步，就会有动力继续，越做越好。

13 景观设计 田晨姿